Mercedes-Benz 180 / 180 D /
190 / 190 D »Ponton« (W 120 / W 121)
1953–1962

Mercedes-Benz 220 / 219 / 220 S / 220 SE
»Ponton« (W 180 / W 105 / W 128)
1954–1959

Mercedes-Benz 300 SL
»Flügeltürer« (W 198)
1954–1957

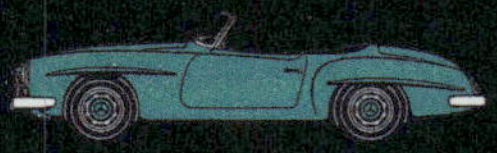

Mercedes-Benz 190 SL (W 121)
1955–1963

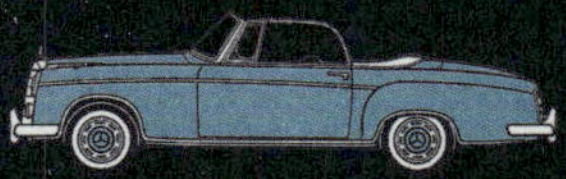

Mercedes-Benz 220 S / 220 SE
»Ponton« Cabriolets (W 180 / W 128)
1956–1960

Mercedes-Benz 220 S / 220 SE
»Ponton« Coupés (W 180 / W 128)
1956–1960

Mercedes-Benz 300 SL Roadster (W 198)
1957–1963

Mercedes-Benz 300 »Adenauer« (W 189)
1957–1962

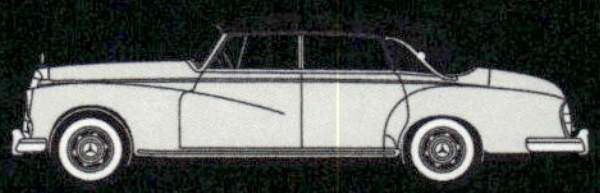

Mercedes-Benz 300
Cabriolet D (W 189)
1958–1962

Mercedes-Benz 220 / 220 S /
220 SE / 300 SE
»Heckflosse« (W 111 / W 112)
1959–1965

1960er

Mercedes-Benz Coupés
der Baureihen W 111 / W 112
1961–1971

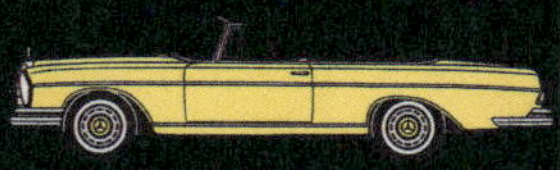

Mercedes-Benz Cabriolets
der Baureihen W 111 / W 112
1961–1971

Mercedes-Benz 190 / 190 D / 200 /
230 / 200 D »Heckflosse« (W 110)
1961–1968

Mercedes-Benz 230 SL / 250 SL / 280 SL
»Pagode« (W 113)
1963–1971

Mercedes-Benz 600 (W 100)
1963–1981

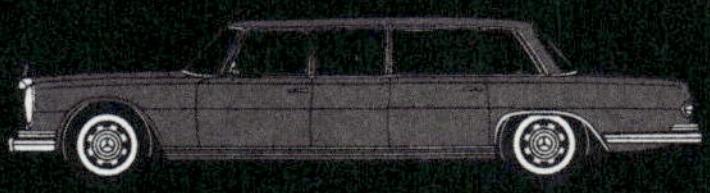

Mercedes-Benz 600 Pullman (W 100)
1963–1981

Mercedes-Benz Limousinen der Baureihen W 108 / W 109
1965–1972

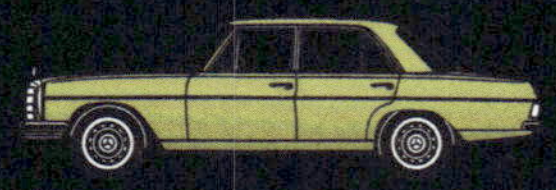

Mercedes-Benz »Strich-Acht«-Limousinen der Baureihen W 114 / W 115
1968–1976

Mercedes-Benz »Strich-Acht«-Coupés der Baureihe W 114
1968–1976

1970er

Mercedes-Benz SL Sportwagen der Baureihe 107
1971–1989

Mercedes-Benz SLC Coupés der Baureihe 107
1971–1981

Mercedes-Benz S-Klasse Limousinen der Baureihe 116
1972–1980

Mercedes-Benz Limousinen der Baureihe 123
1976–1985

Mercedes-Benz Coupés der Baureihe 123
1977–1985

Mercedes-Benz S-Klasse Limousinen der Baureihe 126
1979–1992

1980er

Mercedes-Benz S-Klasse Coupés der Baureihe 126
1981–1991

Mercedes-Benz Kompaktklasse Limousinen der Baureihe 201 (»Baby Benz«)
1982–1993

Mercedes-Benz Limousinen der Baureihe 124
1984–1995

Mercedes-Benz Coupés der Baureihe 124
1987–1996

1990er

Mercedes-Benz S-Klasse Limousinen der Baureihe 140
1991–1998

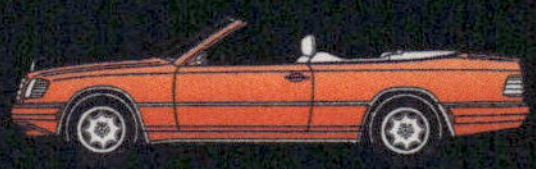

Mercedes-Benz Cabriolets der Baureihe 124
1992–1997

Mercedes-Benz S-Klasse Coupés / CL Coupés der Baureihe 140
1992–1998

Mercedes-Benz C-Klasse Limousinen der Baureihe 202
1993–2000

Mercedes-Benz E-Klasse Limousinen der Baureihe 210
1995–2002

Mercedes-Benz E-Klasse T-Modelle der Baureihe 210
1996–2002

Mercedes-Benz S-Klasse Limousinen der Baureihe 220
1998–2005

Mercedes-Benz CL Coupés der Baureihe 215
1999–2006

2000er

Mercedes-Benz C-Klasse Limousinen der Baureihe 203
2000–2007

Mercedes-Benz C-Klasse Sportcoupés der Baureihe 203
2001–2008

Mercedes-Benz E-Klasse Limousinen der Baureihe 211
2002–2009

Maybach Limousinen der Baureihe 240
2002–2013

Mercedes-Benz E-Klasse T-Modelle der Baureihe 211
2003–2009

Mercedes-Benz CLS Coupés der Baureihe 219
2004–2010

Mercedes-Benz S-Klasse Limousinen der Baureihe 221
2005–2013

Mercedes-Benz CL Coupés der Baureihe 216
2006–2014

Mercedes-Benz C-Klasse Limousinen der Baureihe 204
2007–2014

Mercedes-Benz E-Klasse Limousinen der Baureihe 212
seit 2009

Mercedes-Benz E-Klasse T-Modelle der Baureihe 212
seit 2009

2010er

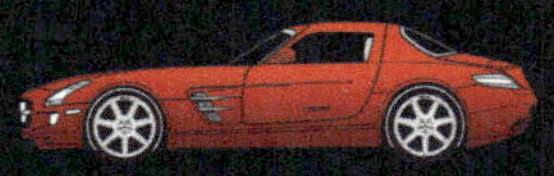

Mercedes-Benz SLS AMG Coupés der Baureihe 197
2010–2014

Mercedes-Benz CLS Coupés der Baureihe 218
seit 2010

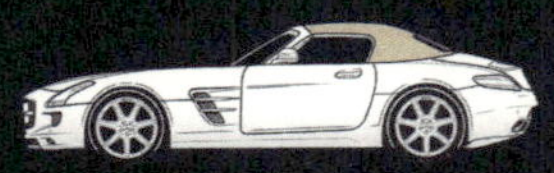

Mercedes-Benz SLS AMG Roadster der Baureihe 197
2011–2014

Mercedes-Benz CLS Shooting Brakes der Baureihe 218
seit 2012

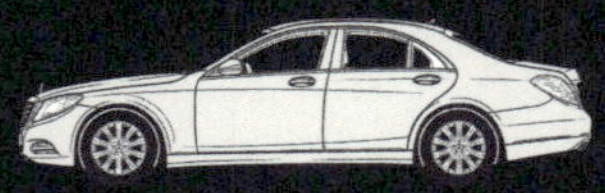

Mercedes-Benz S-Klasse Limousinen der Baureihe 222
seit 2013

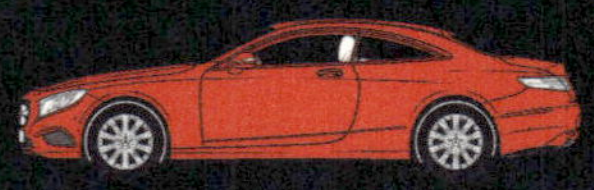

Mercedes-Benz S-Klasse Coupés der Baureihe 217
seit 2014

Mercedes-AMG GT Sportwagen der Baureihe 190
seit 2015

Die Übersicht zeigt alle seit 1946 in Sindelfingen gebauten Pkw-Modellreihen. Kleinserienvarianten sowie die Personenwagen und Nutzfahrzeuge, deren Karosserien ab 1919 im Werk Sindelfingen gefertigt wurden, sind nicht dargestellt.

JahrHundertWerk

JahrHundertWerk

100 Jahre Standort Sindelfingen

Hrsg. Daimler AG

HATJE
CANTZ

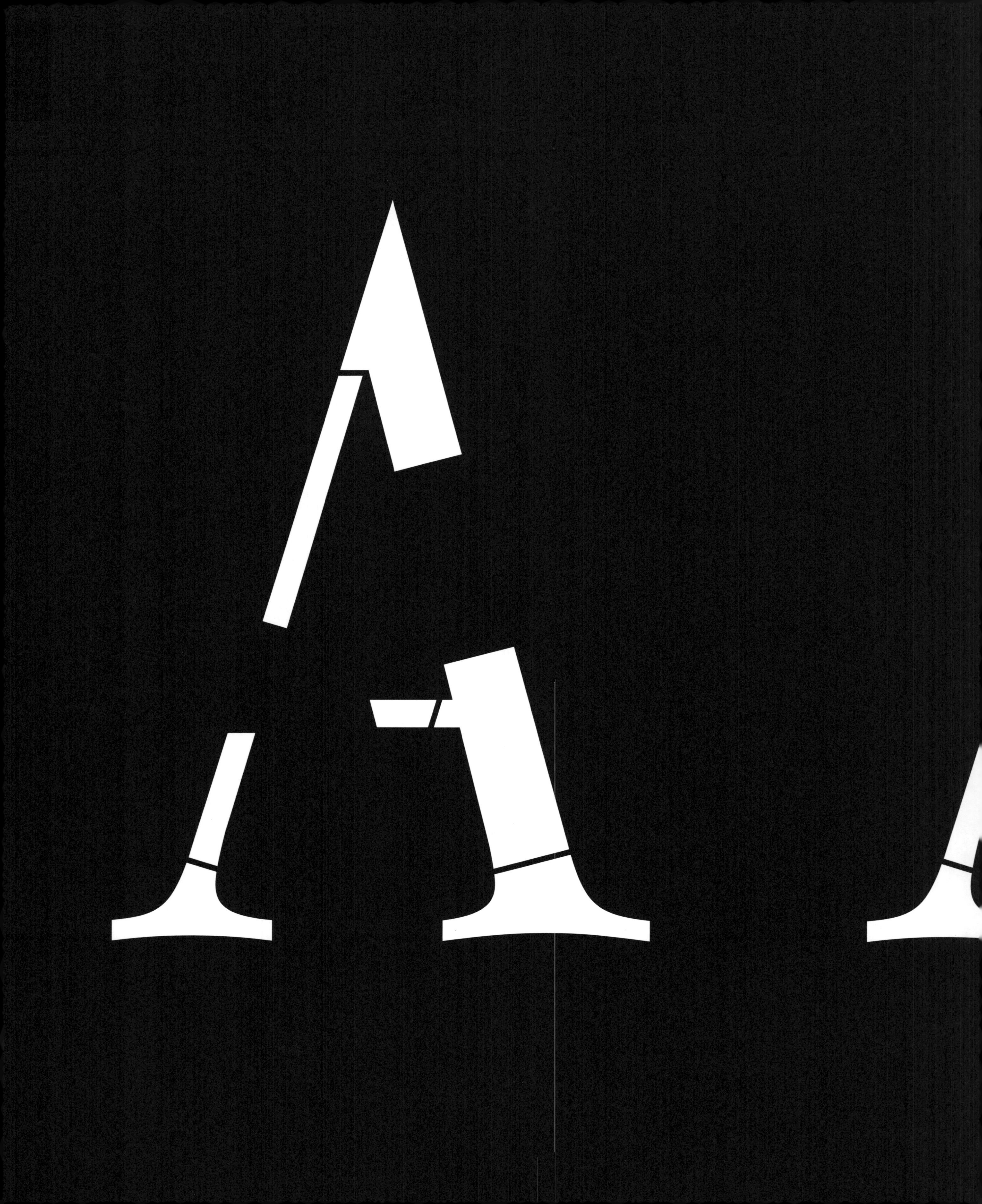

Nachschlagewerk

Einsatz in Fernost, 2010

A-Team in Tuscaloosa, 2011

A-Team

Offiziell heißt das A-Team »Internationales Anlaufunterstützungsteam«. Im März 2011 fällt der Startschuss für ein Team von 250 Expertinnen und Experten vom Standort Sindelfingen. Das A-Team wird von der Produktionsplanung in Sindelfingen koordiniert und hat zwei wichtige Aufgaben: Die Anlaufprofis unterstützen mit ihrem Know-how weltweit vor Ort die Aufbau- und CKD-Werke bei Anläufen neuer Modelle, zum Beispiel in East London, Tuscaloosa, Kecskemét oder Peking. Zugleich hilft das A-Team, Fachkräfte vor Ort zu qualifizieren, damit diese die Serie ohne Unterstützung fahren können.

→ »Anlauf«, »Zielwerker«, »CKD-Werke«

Anlauf

Eine neue Baureihe nimmt Anlauf: Bis ein neues Fahrzeug in Serienproduktion geht, sind enorme Herausforderungen zu bewältigen. Um diesen anspruchsvollen Prozess optimal zu unterstützen, wird 2006 am Standort Sindelfingen die Anlauffabrik gegründet. Diese kooperiert eng mit der Entwicklung und den Werken, in denen dann die Serienproduktionen laufen.

→ »Zielwerker«

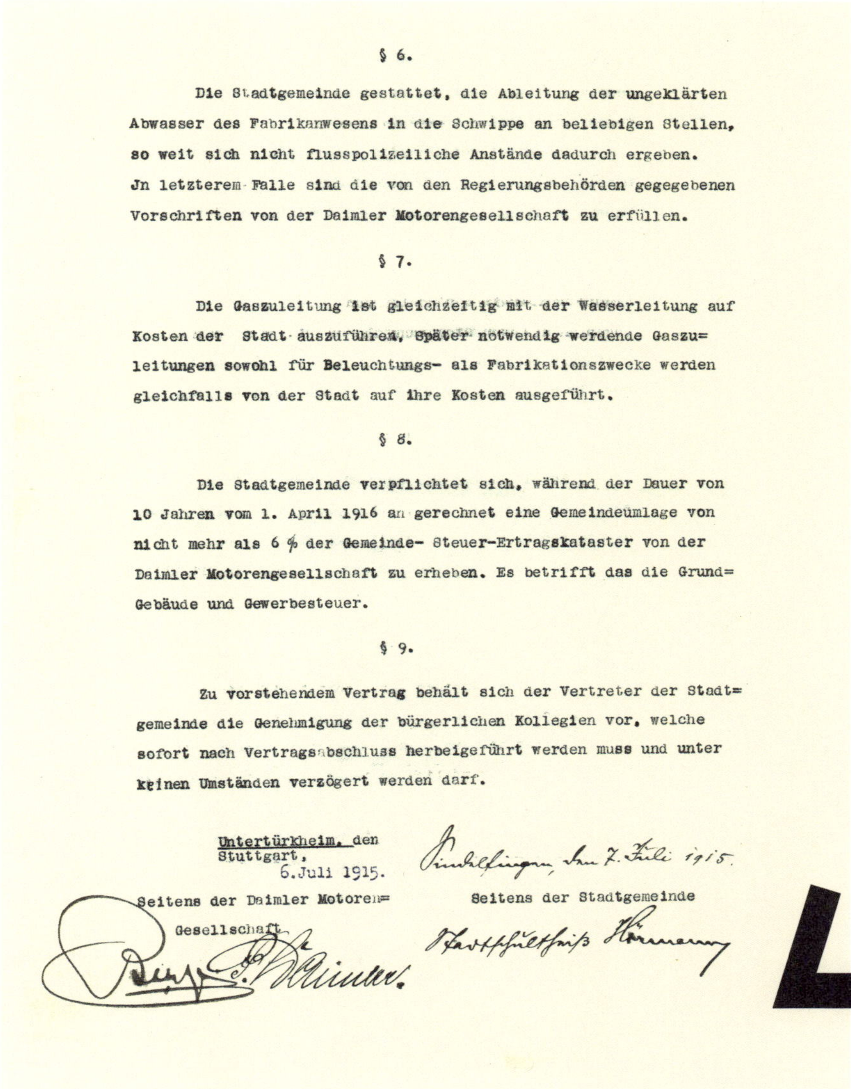

§ 6.

Die Stadtgemeinde gestattet, die Ableitung der ungeklärten Abwasser des Fabrikanwesens in die Schwippe an beliebigen Stellen, so weit sich nicht flusspolizeiliche Anstände dadurch ergeben. Jn letzterem Falle sind die von den Regierungsbehörden gegegebenen Vorschriften von der Daimler Motorengesellschaft zu erfüllen.

§ 7.

Die Gaszuleitung ist gleichzeitig mit der Wasserleitung auf Kosten der Stadt auszuführen, Später notwendig werdende Gaszu=leitungen sowohl für Beleuchtungs- als Fabrikationszwecke werden gleichfalls von der Stadt auf ihre Kosten ausgeführt.

§ 8.

Die Stadtgemeinde verpflichtet sich, während der Dauer von 10 Jahren vom 1. April 1916 an gerechnet eine Gemeindeumlage von nicht mehr als 6 % der Gemeinde- Steuer-Ertragskataster von der Daimler Motorengesellschaft zu erheben. Es betrifft das die Grund= Gebäude und Gewerbesteuer.

§ 9.

Zu vorstehendem Vertrag behält sich der Vertreter der Stadt=gemeinde die Genehmigung der bürgerlichen Kollegien vor, welche sofort nach Vertragsabschluss herbeigeführt werden muss und unter keinen Umständen verzögert werden darf.

Untertürkheim, den
Stuttgart,
6. Juli 1915.

Sindelfingen, den 7. Juli 1915.

Seitens der Daimler Motoren=
Gesellschaft

Seitens der Stadtgemeinde
Stadtschultheiß Hörmann

Der Vertrag im Original, 1915

Ansiedlungsvertrag

Am 6. Juli 1915 schließen die Daimler-Motoren-Gesellschaft (DMG) und die Stadt Sindelfingen einen »Ansiedlungsvertrag«: Die DMG plant auf dem 38 Hektar großen Gelände am neuen Militärflugplatz den Bau einer Flugzeugfabrik. Für die DMG unterzeichnen die Direktoren Ernst Berge und Paul Daimler, für die Stadt der Stadtschultheiß Wilhelm Hörmann. Zügig werden weitere 13 Hektar dazugekauft. Die Stadt freut sich über die Ansiedlung des »Unternehmens von Weltgeltung« und organisiert den aufwändigen Ankauf der zahlreichen Wiesen, die nun zum Werkgelände werden.

→ »Flugzeugbau«, »Werkgelände«

Autonomes Fahren

Nach den Pferden werden nun auch die Kutscher überflüssig: Genau 125 Jahre nach der ersten Fernfahrt von Bertha Benz mit einem Automobil gelingt Mercedes-Benz im August 2013 auf der gleichen Route eine nicht weniger spektakuläre Pionierleistung: Das auf der Basis der neuen Mercedes-Benz S-Klasse entwickelte Forschungsfahrzeug S 500 Intelligent Drive fährt autonom auf den rund 100 Kilometern zwischen Mannheim und Pforzheim. Dabei beschleunigt es selbstständig, wenn die Strecke frei ist, findet im Kreisverkehr die richtige Ausfahrt und hält vor Ampeln und Zebrastreifen – und das im dichten Verkehr des 21. Jahrhunderts.

→ »Forschung und Entwicklung«, »Forschungsfahrzeug«, »Intelligentes Fahren«

Diese S-Klasse reagiert auch auf unvorhergesehene Ereignisse, 2013

Gruppenfoto zum Ausbildungsstart im Jahr des Anlaufs der S-Klasse, 2013

Azubis

Die stolze Zahl von rund 900 Auszubildenden am Standort Sindelfingen entspricht der Gesamtbelegschaft so mancher Firma aus der Umgebung. Vom Elektroniker für Automatisierungstechnik bis zum Verfahrensmechaniker für Beschichtungstechnik: In 13 Ausbildungsberufen sowie fünf dualen Studiengängen bildet Mercedes-Benz aktuell in Sindelfingen aus (Stand 2014). Dabei ist den Ausbilderinnen und Ausbildern die Förderung von Sozialkompetenz und Persönlichkeitsentwicklung genauso wichtig wie die Vermittlung von Fachwissen.

→ »F-Cell-Roadster«, »JAV«, »LEA«

Baby-Benz

Ein kleiner und zugleich ein richtiger Mercedes soll die neue Baureihe werden. Dieser Gedanke ist 1982 noch keineswegs eine Selbstverständlichkeit. Die in der Presse häufig liebevoll »Baby-Benz« genannte kompakte dritte Baureihe W 201 wird »so aufwändig entwickelt wie kein Mercedes zuvor«, so der damalige Entwicklungschef Prof. Dr.-Ing. e. h. Werner Breitschwerdt. Sie entspricht in Fahrverhalten, Raumkomfort und Sicherheit den hohen Mercedes-Benz Standards und wird zu einer Erfolgsgeschichte.
In Sindelfingen muss kapazitätsbedingt im ersten vollen Produktionsjahr 1983 sogar die Produktion der Baureihe 123 zurückgenommen werden. Um der hohen Nachfrage gerecht zu werden, werden ab Ende 1983 weitere Produktionskapazitäten in Bremen geschaffen.

→ »Youngtimer«

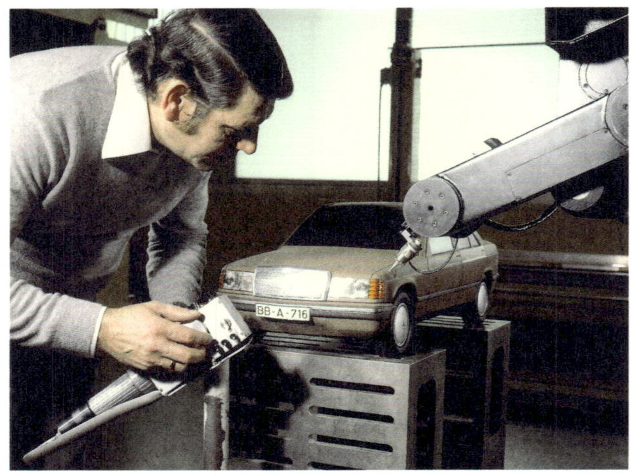

Ein Modell des »Baby-Benz« im Maßstab 1:5 wird computergesteuert abgetastet. Digitale Daten sind erstmals wichtiger Bestandteil des Design-Entwicklungsprozesses, um 1980

Neues Volumenmodell: Mercedes-Benz 190 E der Baureihe 201, 1982

Mercédès Electrique aus dem Kaiserlichen Marstall von Kaiser Wilhelm II., 1906

Mercedes-Benz B-Klasse Electric Drive, 2013

Batterie

Die Batterie ist eine Schlüsseltechnologie für die Elektromobilität, die eine lange Geschichte bei Mercedes-Benz hat. Bereits 1906 werden ein voll elektrischer Antrieb als »Mercédès Electrique« und ein Hybridantrieb als »Mercédès Mixte« angeboten. Seit Ende der 1960er Jahre werden Versuche mit Elektrofahrzeugen durchgeführt. Sie gelangen allerdings angesichts des damaligen Standes der Batterietechnik lange Zeit nicht über das Versuchsstadium hinaus – die Nickel-Eisen-Batterie des Elektro T-Modells aus dem Jahr 1982 wiegt 600 Kilogramm! Mittlerweile hat sich die Situation durch die Lithium-Ionen-Batterie grundlegend verbessert: 2009 startet der smart electric drive mit dieser Technologie. Im gleichen Jahr beginnt in Sindelfingen die Produktion des S 400 HYBRID, des weltweit ersten serienmäßigen Hybrid-Personenwagens mit Lithium-Ionen-Batterie. Im Jahr 2014 hat die Daimler AG ein breites Portfolio von Personenwagen und Nutzfahrzeugen mit Elektro- und Hybridantrieb auf der Straße.

→ »Hybrid«, »Volt«

Betriebsmittel

Betriebsmittel sind die Werkzeuge und Anlagen zur Herstellung der Fahrzeugkarosserien. Mit dem Begriff Werkzeuge sind übrigens nicht Hammer und Zange gemeint, sondern die tonnenschweren Formen, mit deren Hilfe aus Blechen perfekte Karosserieteile hergestellt werden. Diese Presswerkzeuge entwickelt und fertigt der Bereich Betriebsmittel selbst – nicht nur für die Produktion in Sindelfingen, sondern auch für andere Mercedes-Benz Pkw-Werke.

Feinschliff für die Oberfläche der Presswerkzeuge, 2007

Bierstraße

In einem offiziellen Straßenverzeichnis wird man die Bierstraße, die durch das Gebäude 15 führt, vergeblich suchen. Wohlbekannt ist sie dennoch - jedenfalls den Sindelfinger Werkangehörigen. Im Erdgeschoss des Presswerks befand sich früher ein Getränkelager. Von dort aus wurden die Beschäftigten sogar mit Bier versorgt, das es damals noch im Werk gab. Ihren Namen hat die Bierstraße einem Zwischenfall im Lager zu verdanken: Eine Palette mit Bierkästen kippte um und das ganze Bier floss die leicht abschüssige Straße durch das Gebäude hinab.

→ »Riedmühlestraße«

Pausenverpflegung am mobilen Verkaufsstand, 1992

Wanderfalke blickt aus dem Nistkasten am Schornstein des Heizkraftwerks, 2012

Ausgleichsfläche in der Fronäckerstraße: Lebensraum für zahlreiche Insekten und Kleintiere, 2012

Biotop

Das fast drei Quadratkilometer große Gelände des Standorts ist ein Lebensraum nicht nur für die rund 37 000 Menschen, die hier arbeiten (Stand Dezember 2013). So darf man stolz darauf sein, dass auf dem Gelände 36 Vogelarten brüten und zehn Arten von Fledermäusen leben. Die Grünflächen und Dachbegrünungen sind Lebensraum für eine Vielzahl von Arten: 180 verschiedene Insektenarten wurden allein auf dem Dach des Betriebsrestaurants 18/3 nachgewiesen. Dies alles sind erfreuliche und sichtbare Zeichen für einen wirksamen betrieblichen Umweltschutz.

Busverkehr zum Schichtwechsel, 2014

Bus

Per Bus pendelt rund ein Drittel aller Mitarbeiterinnen und Mitarbeiter aus dem nahen und fernen Umland zu seinen Arbeitsplätzen in Sindelfingen. Manche Schichtbusse fahren lange Strecken, zum Beispiel bis ins rund 100 Kilometer entfernte Villingen-Schwenningen. Viele der Busfahrer sind gleichzeitig Beschäftigte im Werk Sindelfingen und arbeiten zwischen Hin- und Rückfahrt im Produktionsbereich. Es scheint ein ungeschriebenes Gesetz zu sein, dass jeder Fahrgast seinen festen Sitzplatz im Bus hat, so dass das Fehlen eines Kollegen sofort auffällt. Auf dem Werkgelände selbst gibt es einen eigenen Busverkehr, genannt SPRINT, der die Mitarbeiter ohne lange Laufwege an ihre Arbeitsplätze bringt.

C 111

→ »Forschungsfahrzeug«, »Rollendes Versuchslabor«

Der C 111 in seiner Ausführung von 1969 – das erste in einer langen Reihe von Forschungsfahrzeugen von Mercedes-Benz

Center of Excellence Sindelfingen, 2013

Exklusive Produktpräsentation im Center of Excellence, 2013

Car-Clinics

Car-Clinics sind nicht etwa die vornehmen Versionen von Kfz-Werkstätten, sondern ein Instrument der Marktforschung. Fahrzeugmodelle werden ausgewählten Testpersonen vorgestellt, die dann in Interviews ihre Eindrücke schildern. Car-Clinics können vor der Markteinführung oder später, wenn das Fahrzeug bereits auf dem Markt ist, eingesetzt werden, um die Wahrnehmung potenzieller Kundinnen und Kunden kennenzulernen. Denn diese sind auf ihre Weise ebenso Experten für die Qualität von Mercedes-Benz wie die Mitarbeiter, die die Fahrzeuge entwickeln, erproben und bauen.

Center of Excellence

Im Center of Excellence (CoE) besteht die Möglichkeit, Fahrzeuge nahezu unbegrenzt zu individualisieren. Dies betrifft sowohl technische Kundenwünsche als auch Sonderlackierungen, spezielle Lederausstattungen oder auch Sitzanpassungen. Die exklusive Produktberatung und die Übergabe der Neufahrzeuge gestaltet das CoE als unvergessliche Ereignisse.
Die hauseigene Gourmetküche rundet das luxuriöse Kundenerlebnis stimmungsvoll ab. Die Berater im CoE betreuen ihre exklusiven Kundinnen und Kunden häufig über Jahre hinweg und kennen deren Wünsche genau.

→ »Designo Manufaktur«

CKD-Werke

CKD steht für Completely Knocked Down. Das klingt zunächst wie ein Problem, ist aber eine gute Lösung für den Aufbau von Montage-Standorten. Die CKD-Werke, beispielsweise in Kairo (Ägypten), Jakarta (Indonesien) oder Ho Chi Minh City (Vietnam) erhalten eine Art kompletten Bausatz für jedes Fahrzeug. Am Hauptproduktionsstandort Sindelfingen befindet sich quasi die CKD-Zentrale für Mercedes-Benz Pkw weltweit. Der Bereich Produktionsbetreuung Ausland plant alle CKD-Montagen, steuert die Versorgungslogistik und betreut die CKD-Produktion in den Auslandswerken.

→ »A-Team«

Der Standort Sindelfingen betreut die weltweiten CKD-Standorte: Bangkok, Thailand C-, E-, S-, M-Klasse Ho Chi Minh City, Vietnam C-, E-, S-, GLK-Klasse Jakarta, Indonesien C-, E-, S-, M-, GL-Klasse Pekan, Malaysia C-, E-, S-Klasse Pune, Indien C-, E-, S-, M-, GL-Klasse und Kairo, Ägypten E-, GLK-Klasse

Coils vor dem Zuschnitt im Presswerk, 2010

Coil

Die Bleche, mit denen in der Karosserieproduktion alles anfängt, sind nahezu endlos lang und tonnenschwer. Sie werden in Form von Rollen transportiert, den sogenannten Coils. Ein Stahlcoil wiegt bis zu 30 Tonnen.

→ »Presswerk«, »Umformstufe«

Crashtest

1959 ist das Werk Sindelfingen Schauplatz einer Premiere: Am 10. September beginnen die systematischen Crashversuche. Bei den Crashtests geht es darum, das reale Unfallgeschehen ins Labor zu übertragen. So testet man die Auswirkungen eines Unfalls auf das Fahrzeug und seine Insassen. In den frühen Crashtests in Sindelfingen sind Schaufensterpuppen die Vorgänger der Crashtest-Dummies, die seit 1968 im Wagen sitzen und mit Messtechnik die Auswirkungen eines Zusammenstoßes auf die Insassen erfassen. Im Mercedes-Benz Technology Center (MTC) finden jährlich rund 500 Crashtests mit Pkw und ca. 50 000 Simulationen am Computer statt. Über die in den verschiedenen Ländern gesetzlich vorgeschriebenen Aufprallversuche sowie Crashtests für Fahrzeugsicherheits-Ratings hinaus führt Mercedes-Benz weitere anspruchsvolle firmeneigene Tests durch.

→ »Dummy«, »Heißwasserrakete«, »Knautschzone«, »Sicherheitsfahrgastzelle«

Crashtest einer Mittelklasse-Limousine der Baureihe 123, 1975. Mit der Einweihung des neuen Crashversuchszentrums im Jahr 1973 werden die seit 1959 kontinuierlich durchgeführten Crashtests in die Halle verlegt.

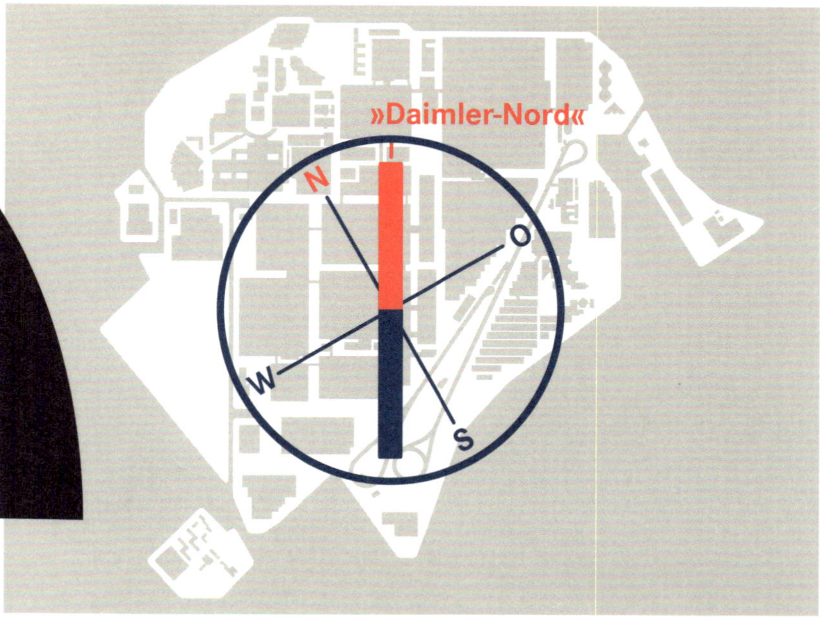

Der geografische Norden im Unterschied zum »Daimler-Nord«

Daimler-Nord

Das Werk hat seinen eigenen Kompass: Karten des Werkgeländes sind nicht geografisch genordet. Sie orientieren sich am »Daimler-Nord«, das in Sindelfingen im Nordnordosten liegt. Pläne mit dieser Ausrichtung eignen sich besser, um die Strukturen des Werks rechtwinklig und damit übersichtlicher abzubilden.

→ »Werkgelände«

Design

Das Design für einen zukünftigen Mercedes-Benz entsteht heute nicht nur in Sindelfingen. Auch wenn hier das Zentrum des Designbereichs liegt, arbeiten die Mercedes-Benz Designerinnen und Designer nicht nur hier vor Ort, sondern um den ganzen Globus verteilt in den weltweiten Advanced Design Studios. Ein Ziel haben sie alle gemeinsam: ein Stück Automobilgeschichte zu gestalten. Einen eigenen Designbereich gibt es übrigens erst seit den 1950er Jahren, damals noch unter dem Namen Stilistik. Davor gehörte die Gestaltung der Karosserien zu den Aufgaben der Karosseriekonstrukteure.

→ »Flügeltürer«

Modelleur arbeitet an einem 1:4 Ton-Modell des GLA, 2014

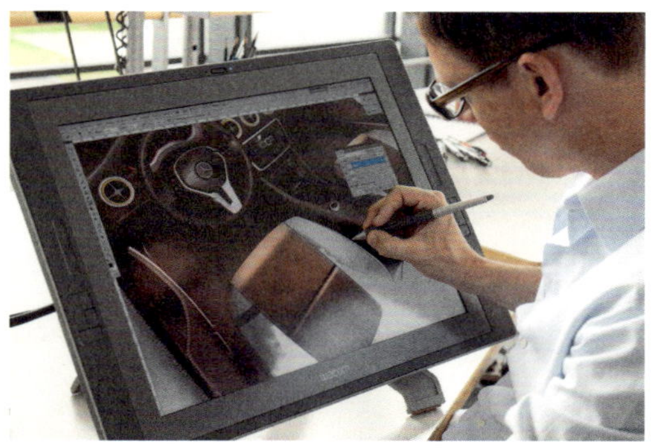

Zeichnen des Interieurs der GLA-Klasse am Tablet, 2014

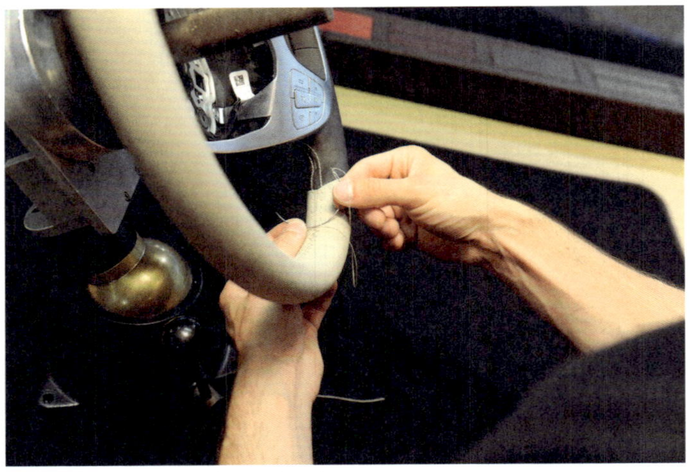

Handarbeit am Lederlenkrad, 2014

Designo Manufaktur

Wer könnte einen Mercedes-Benz noch edler machen, als er schon ist? Keine Frage: die 1995 eröffnete Designo Manufaktur in Sindelfingen! Die Manufaktur stellt in einer flexiblen Kleinserienfertigung exklusive Interieurkomponenten für Mercedes-Benz und AMG Premiumfahrzeuge her. Ob spezielle Lederausstattungen oder Dekorware – für die Fahrzeuginnenausstatter bei Designo kein Problem. Zu einem großen Teil direkt am Standort ausgebildet, erfüllen sie fast jeden noch so exotischen Kundenwunsch – vom Schreibtisch im Fond bis zum eigens belüfteten Sitz für den Hund als Beifahrer.

→ »Center of Excellence«

Digitale Fabrik

Die Digitalisierung verändert nicht nur die Produktentwicklung, sondern hat auch längst in der Produktion und Produktionsplanung Einzug gehalten. Lange bevor eine Fabrik, eine Montagehalle oder ein Rohbau real entsteht, werden die Hallen, Maschinen und alle Arbeitsabläufe am Computer geplant und in 3D simuliert. Zur optimalen Arbeitsgestaltung in der Montage werden ergonomische Sachverhalte im Vorfeld analysiert und die Erkenntnisse entsprechend umgesetzt. Die Mitarbeiterinnen und Mitarbeiter in Sindelfingen planen auf diese Weise übrigens nicht nur die Sindelfinger Produktion, sondern weltweit alle Mercedes-Benz Pkw-Werke.

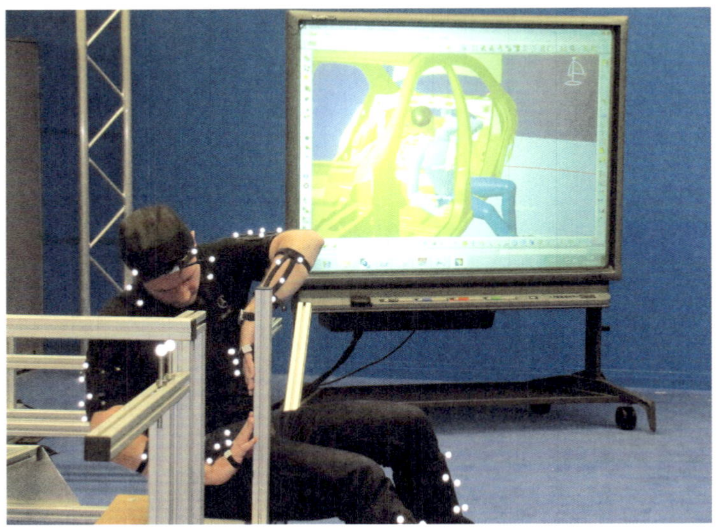

Digitale Montagestation, 2012

Diversity

Der Standort Sindelfingen ist mit seinen zahlreichen Mitarbeiterinnen und Mitarbeitern ein gutes Beispiel für gelebte Diversity. Sie sind unterschiedlicher Herkunft und kommen aus verschiedenen Lebenssituationen und Altersgruppen – und der Konzern setzt auf diese Unterschiedlichkeit und profitiert davon. Gemischte Teams gehen Aufgaben aus verschiedenen Blickwinkeln an und erarbeiten kreativere Lösungen. So kann das Unternehmen den genauso vielfältigen Anforderungen der Märkte und Kunden weltweit am besten begegnen. Der Konzern fördert also Diversity – und auch die Belegschaft profitiert davon, zum Beispiel beim Jobsharing.

→ »Nationalitäten«, »sternchen Sindelfingen«

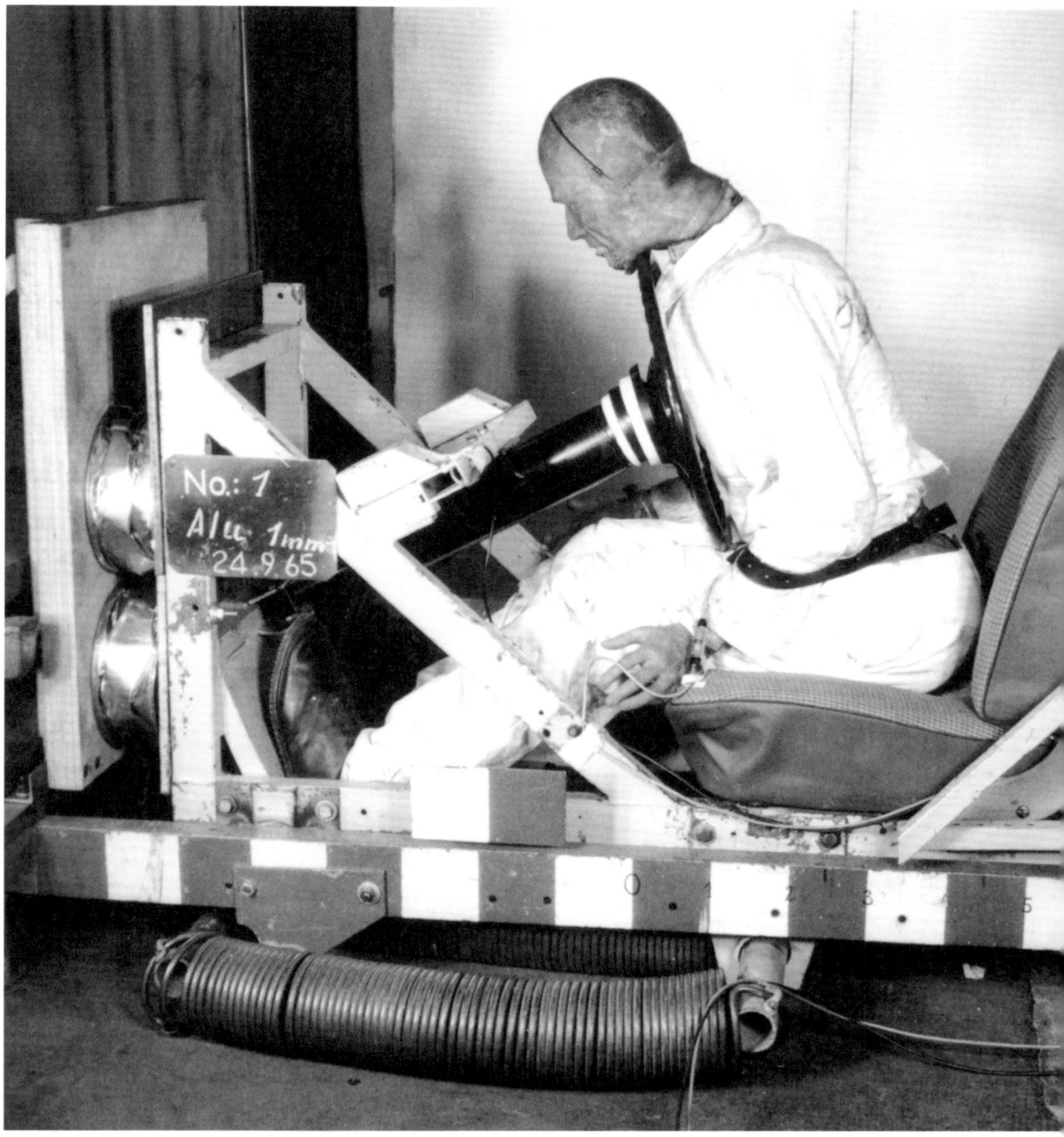

Oskar, der erste und zunächst einzige Crashtest-Dummy, 1965

Dummy

→ »Crashtest«, »Knautschzone«, »Sicherheitsfahrgastzelle«

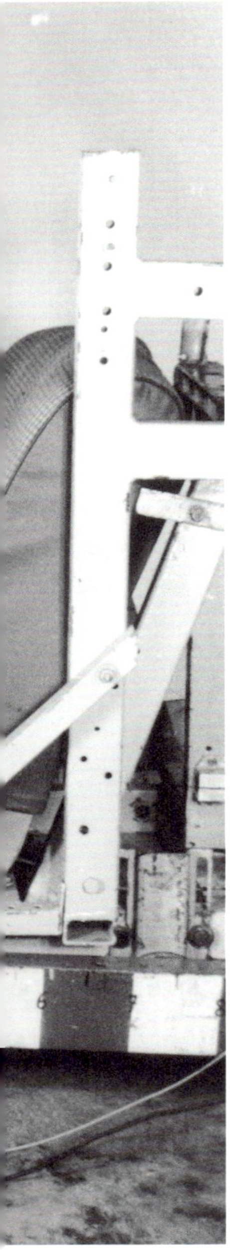

Der Eichmeister garantiert die Präzision
im Einstellstand, 2014

Eichmeister

Bevor die neuen Mercedes-Benz Fahrzeuge das Werk verlassen, wird das Fahrwerk jedes Neuwagens auf einem Fahrzeug-Einstellstand vermessen. Die Präzision dieser Einstellstände stellt der »Eichmeister« sicher. Das ist kein Mitarbeiter mit Meisterbrief, sondern die Vorrichtung, mit deren Hilfe die Messtechnik einmal wöchentlich überprüft und bei Bedarf neu kalibriert wird. Der Eichmeister selbst wird regelmäßig im Feinmessraum überprüft, und zwar mit einer Messgenauigkeit von zwei Hundertstel Millimetern. Zum Vergleich: Ein normales Haar ist sechs bis acht Hundertstel Millimeter dick.

Einfahrbahn

Auf der Einfahrbahn mit ihren diversen Prüfstrecken werden Entwicklungsfahrzeuge und teilweise auch Neuwagen erprobt. Dicht an dicht liegen die unterschiedlichsten Teststrecken der Einfahrbahn beieinander: die Schnellbahn, eine Heidestrecke als Schlechtwegstrecke, eine Wasserdurchfahrt oder ein Bremsprüfmodul namens Waschbrett.
Hier werden Fahrzeuge auf Herz und Nieren getestet, beispielsweise ihr Brems- und Lenkverhalten, der Fahrkomfort oder Wind- und Strömungsgeräusche.

→ »Quietscher«, »Rüttelstrecke«

SLS AMG Roadster in der Steilkurve der Einfahrbahn, 2014

Essensausgabe im Betriebsrestaurant in Gebäude 24, 1978

Einweggeschirr

Voller Stolz berichtet die Werkzeitung »Daimler-Benz intern« im Jahr 1978 über die hervorragenden Verpflegungsbetriebe des Werks Sindelfingen. Hier findet auch das damals neu eingeführte Einweggeschirr Erwähnung, das wöchentlich mit zwei Lastzügen angeliefert wird. Man empfindet das Einweggeschirr als rundum positive Entwicklung: Die Arbeit in der Spülküche fällt weg, die Einwegtabletts aus geschäumtem Polystyrol klappern nicht, und als besonders hygienisch gilt das Einweggeschirr obendrein. Anfang der 1990er Jahre wird allerdings aus Gründen des Umweltschutzes wieder auf Mehrweggeschirr aus Porzellan umgestellt.

→ »Kantine«, »Lieblingsessen«

Ergonomie

→ »Hängedrehförderer«, »Mensch und Roboter«, »Mitfahrwagen«

Ein Typ 350 SL von 1970, der als Erlkönig zu Testzwecken auf der Straße unterwegs ist.

Erlkönig

Der erste Erlkönig kommt aus Sindelfingen, es handelt sich um den mit Spannung erwarteten Typ 180 »Ponton«. Zum Schnappschuss eines getarnten Prototypen reimt eine Autozeitschrift 1952 in Anlehnung an Goethes berühmte gleichnamige Ballade: »Wer fährt da so rasch durch Regen und Wind? / Ist es ein Straßenkreuzer von drüben, / der nur im Umfang zurückgeblieben, / oder gar Daimlers jüngstes Kind?«

→ »Forschung und Entwicklung«, »Ponton«

Fahrsimulator

Im Herbst 2010 geht der neue Fahrsimulator der Daimler AG im Mercedes-Benz Technology Center in Sindelfingen in Betrieb. Er ist mit 1 700 PS der leistungsfähigste der Welt. Von außen sieht der 300 Tonnen schwere Fahrsimulator aus wie ein tanzendes Ufo. Hochleistungscomputer berechnen reale Fahrzeugbewegungen, die über das Bewegungssystem auf das Fahrzeug im Inneren des Simulators übertragen werden. Dort befindet sich die Testfahrerin oder der Testfahrer, die hier zum Beispiel neue Assistenzsysteme realitätsnah erleben und in allen Entwicklungsphasen erproben können.
Die Energiebilanz des Simulators ist sehr fortschrittlich: Ein Teil der zum Antrieb benötigten Energie wird beim Bremsen zurückgewonnen und in das Stromnetz des Werks Sindelfingen eingespeist.

→ »Forschung und Entwicklung«

Der energieeffiziente Simulator in der Außenansicht, 2010

Blick auf die 360-Grad-Fahrsimulation, 2010

Azubis auf großer Fahrt: vor der Stadtapotheke in Wiesloch, wo Bertha Benz 1888 einen Tankstopp einlegte, 2009

F-Cell-Roadster

Der F-Cell-Roadster ist so etwas wie der Benz Patent-Motorwagen 2.0. Allerdings stammt er nicht vom Meister selbst, sondern von rund 150 Auszubildenden sowie Studentinnen und Studenten der Dualen Hochschule aus dem Werk. Der F-Cell-Roadster entstand in gut einjähriger Zusammenarbeit nahezu aller Berufsgruppen, die am Standort ausgebildet werden. Die Aufgabe war, modernste Fahrzeugtechnologien in die Ausbildung zu integrieren und gleichzeitig eine Brücke über 100 Jahre Automobilgeschichte zu schlagen. Für die Historie stehen die großen Speichenräder. Mit dem Antrieb zielten die Nachwuchskräfte auf die Zukunft: Eine Brennstoffzelle speist einen Elektromotor mit 1,2 kW. Außerdem wurden moderne Leichtbau-Materialien eingesetzt. Die Karosserie besteht aus Glasfaser, die Sitze sind aus Kohlefaser.
120 Jahre nach Bertha Benz' legendärer Fernfahrt beweisen die Azubis die Verkehrstüchtigkeit ihres F-Cell-Roadsters auf einem Teilstück der historischen Strecke Mannheim-Pforzheim.

→ »Azubis«, »Batterie«

Flügeltürer

Die kühne Form der Türen ist es, die dem legendären Mercedes-Benz 300 SL zu seinen Spitznamen »Flügeltürer« oder »Gullwing« verhilft. Sie ist neu und überraschend, aber zunächst nicht als außergewöhnliches Designmerkmal entwickelt worden. Die Flügeltüren sind konstruktionsbedingt: eine funktionale Lösung für den Einstieg über den hohen Gitterrohrrahmen des Fahrzeugs. Nach den höchst erfolgreichen Renneinsätzen des 300 SL Rennsportwagens in der Saison 1952 erfolgt die Weiterentwicklung zum Seriensportwagen. Von 1954 bis 1957 werden 1 400 Exemplare gebaut, der Preis beträgt je 29 000 DM. Mit dem Mercedes Benz SLS AMG kommt ab 2010 erneut ein »Flügeltürer« aus Sindelfingen. Er interpretiert das legendäre Design des 300 SL neu und erschließt wie sein Vorbild neue fahrdynamische Dimensionen im Supersportwagenbereich.

→ »Design«

»Hochzeit« von Karosserie und Chassis beim 300 SL »Gullwing«, 1954

Die Mannschaft der SLS-Montage feiert den ersten neuen Flügeltürer Mercedes-Benz SLS AMG, 2010

Endmontage des Jagdflugzeuges Daimler L 6b, 1918

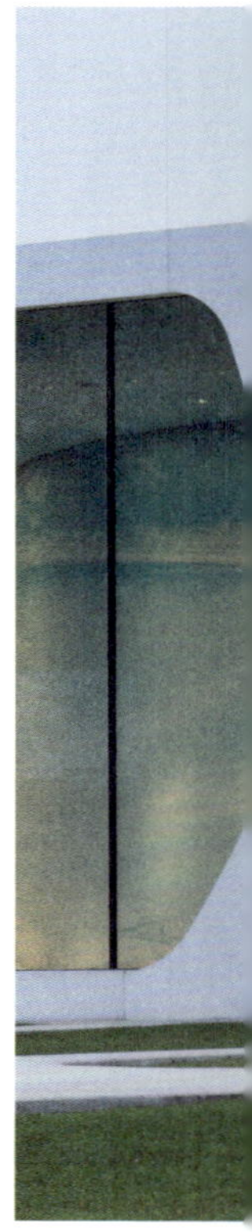

Flugzeugbau

Die ersten Produkte im Werk sind Kampfflugzeuge. Ab dem 28. September 1916 werden Großflugzeuge des Typs FdH G II in Lizenz der Flugzeugbau Friedrichshafen GmbH gebaut. Weitere Flugzeugtypen folgen, bis Kriegsende im November 1918 stellt das Werk Sindelfingen insgesamt zwischen 250 und 300 Flieger her.

→ »Ansiedlungsvertrag«, »Leichtflugzeug«

Forschungsfahrzeug

→ »Autonomes Fahren«, »Forschung und Entwicklung«, »Rollendes Versuchslabor«

Ein aktuelles Mercedes-Benz Forschungsfahrzeug, der auf der Internationalen Automobil-Ausstellung 2011 präsentierte F 125!. 42 Jahre zuvor hatte der C 111 den Reigen der Forschungsfahrzeuge eröffnet.

Blick auf das MTC (Mercedes-Benz Technology Center), 2014

Forschung und Entwicklung

Am Standort Sindelfingen befindet sich mit dem Mercedes-Benz Technology Center (MTC) das Zentrum der Forschung und Mercedes-Benz Cars Entwicklung. Hier sind unter anderem Bereiche der Forschung und Vorentwicklung sowie des Designs angesiedelt. Das MTC ist somit das Zukunftslabor für Trends und künftige Fahrzeugkonzepte. Hier entstehen Technologien für die sichere und nachhaltige Mobilität der Zukunft. Kundenwünsche werden erfasst und Innovationen auf den Weg gebracht. In der Fahrzeugentwicklung werden aus diesen Ergebnissen technologisch erstklassige und faszinierende Fahrzeuge für die Serienproduktion.
Dabei ist die räumliche Nähe von Entwicklung und Produktion ein großer Vorteil für den Standort: Kurze Wege zu den Kolleginnen und Kollegen sind eine optimale Voraussetzung für die effiziente Zusammenarbeit über Bereichsgrenzen hinweg.

→ »Autonomes Fahren«, »Fahrsimulator«, »Gesten-Steuerung«, »Patente«, »Rollendes Versuchslabor«

Friedensartikel

Nach dem Ende des Ersten Weltkriegs im November 1918 muss die Produktion neu auf sogenannte »Friedensartikel« ausgerichtet werden. Die ersten Friedensartikel sind Möbel, weil sowohl das Material als auch die Fähigkeit zur Holzverarbeitung im Werk vorhanden sind – die Grundstruktur von Flugzeugteilen und Automobilkarosserien wird seinerzeit noch aus Holz gefertigt.

→ »Möbel«

75%

Bei zwei schweren Luftangriffen innerhalb von drei Tagen entstehen im September 1944 verheerende Schäden im Werk. Rund 75 Prozent der Bausubstanz werden zerstört. Insgesamt sterben in Sindelfingen 56 Menschen bei den Luftangriffen, die dem Daimler-Benz Werk gelten. Nach diesen schweren Zerstörungen kann die Produktion bis Kriegsende nur in sehr begrenztem Umfang wieder aufgenommen werden. Die Alliierten streichen das Werk wegen weitgehender Zerstörung von der Liste der Angriffsziele.

→ »Nachkriegszeit«, »Sindelfinger Geist«

Dokumentation der Bombenschäden von 1944

Mehrsprachiges Begrüßungsschild empfängt »Gastarbeiter«, 1965

Besprechung italienischer »Gastarbeiter« im Wohnheim »Benzwiese«, 1965

»Gastarbeiter«

Sie kommen zunächst vor allem aus dem Süden Italiens, später auch aus den Gebieten des damaligen Jugoslawien, aus Portugal, Spanien und der Türkei nach Sindelfingen: Die ersten Arbeitsmigranten werden »Gastarbeiter« genannt.
In diesem Begriff steckt die Erwartung, dass die neuen Mitarbeiterinnen und Mitarbeiter später wieder in ihre Heimatländer zurückkehren. Die neuen Beschäftigten werden übrigens direkt vor Ort rekrutiert: Mitarbeiter aus dem Personalbereich des Werks fahren mit Vertretern des Betriebsrats in die Länder, um geeignete Kandidaten zu finden. Diese wurden in der Regel von den Ämtern vor Ort zu den Gesprächen eingeladen, die dann mit Unterstützung von Dolmetschern geführt werden. Die »Gastarbeiter« reisen dann ohne ihre Familien nach Sindelfingen und wohnen dort meist in den eigens errichteten Wohnheimen, nach Nationalitäten gruppiert, um die Verständigung zu vereinfachen. Fünf angestellte Dolmetscher und etliche Mitarbeiterinnen und Mitarbeiter der verschiedenen Nationen, die gut Deutsch sprechen, helfen bei Sprachschwierigkeiten in der Arbeit. Betriebsversammlungen werden in Italienisch, Spanisch / Portugiesisch, Griechisch, Jugoslawisch und Türkisch abgehalten.

→ »Nationalitäten«, »Niederer Wasen«

Gasturbine

Im werkeigenen Heizkraftwerk geht im Herbst 2013 die neue Gasturbinenanlage in Betrieb. Daimler investiert dafür 41 Millionen Euro und leistet damit einen wesentlichen Beitrag für einen verbesserten Umweltschutz am Standort Sindelfingen. Das große Plus der neuen Anlage ist neben ihrer Leistungsfähigkeit die enorme Energieeffizienz: Während konventionelle Kraftwerke nur rund 45 Prozent der Energie ihres Brennstoffs nutzen können, liegt der Wirkungsgrad der neuen Anlage bei über 90 Prozent! Sie koppelt nämlich die Stromerzeugung per Gasturbine mit der Nutzung der Abhitze zur Wärmeerzeugung. Dieses als Kraftwärmekopplung bezeichnete Prinzip ist die umweltschonendste Art, konventionell Energie zu erzeugen.

→ »Heizkraftwerk«

Die Gasturbine ist baugleich mit einer Flugzeugturbine, 2013

Ob Sehenswürdigkeiten oder freie Parkplätze: Mit einfachen Handbewegungen fordert die Fahrerin oder der Fahrer Informationen an, 2012

Gesten-Steuerung

Wie wird es wohl aussehen, wenn die Autofahrerinnen und Autofahrer der Zukunft ihre Fahrzeuge durch Winken und Wischen, also durch Gesten steuern? Die Bedienkonzepte der Zukunft »verstehen« die natürliche Gestik. Mit einem Wink können Türen geöffnet oder angenehme Temperaturen im Fahrzeug eingestellt werden.
Bereits 2011 verfügt das Forschungsfahrzeug F 125! über ein Bedien- und Anzeigekonzept, das auch durch Gestensteuerung das Fahrzeug zu einem Partner macht, mit dem der Fahrer mühelos interagieren kann. Und mit »DICE« (Dynamic & Intuitive Control Experience), 2012 erstmals vorgestellt, wird die Windschutzscheibe zu einem Display, das auf Wunsch digitale Informationen zur Fahrzeugumgebung anzeigt.

→ »Forschung und Entwicklung«, »Forschungsfahrzeug«

Glockenteller

Glockenteller haben nichts mit läutenden Kirchenglocken zu tun. Sie sind vielmehr Teil der Lackierroboter, genauer: der elektrostatischen Rotationszerstäuber. Der Glockenteller zerstäubt den Lack zu feinsten Tröpfchen.

→ »Molchschiebezylinderzielbahnhof«, »X Farben«

An der Spitze des Zerstäubers befindet sich der Glockenteller, 2013

Eleganz im einstigen »Kasino« mit dem Spitznamen »Goldener Löffel«, 1999

Goldener Löffel

Am Standort Sindelfingen gibt es elf Betriebsrestaurants, aber nur einen »Goldenen Löffel«. Goldener Löffel ist der Spitzname für das einstige »Kasino«. Die Berechtigung, in diesem Betriebsrestaurant zu speisen, hatten seinerzeit nur Führungskräfte ab der Stufe eines Abteilungsleiters. Was heute noch Goldener Löffel genannt wird, heißt offiziell »Feelgood Restaurant«, liegt im Obergeschoss des Gebäudes 18/3 und ist nach wie vor die gehobene Gastronomie im Werk. Und dieser Goldene Löffel ist für alle Mitarbeiterinnen und Mitarbeiter zugänglich, die einzige Voraussetzung ist eine rechtzeitige Tischreservierung.

→ »Kantine«, »Lieblingsessen«

Guard

Mercedes-Benz Guard-Fahrzeuge garantieren einen wirkungsvollen Schutz gegen Gefahren von außen, wie etwa Waffen und Sprengstoff. Sie entstehen in einem eigenständigen Fertigungsprozess und erhalten ein integriertes Schutzkonzept ab Werk. Besondere Schutzelemente, zum Beispiel für die Türen oder den Fahrzeughimmel, werden bereits in die Rohkarosserien integriert. Die Guard-Fahrzeuge werden in anspruchsvollen Tests erprobt. Dank Hunderten von Schutzteilen und viel Handarbeit der Experten aus dem Bereich Sonderwagenbau in Sindelfingen schützen sie ihre Insassen bis zur höchsten Widerstandsklasse.

Handarbeit an einem Schutzelement, 2011

Der Hängedrehförderer dreht die komplette Karosserie der S-Klasse Baureihe 126, damit der Mitarbeiter ergonomisch günstig arbeiten kann, 1979

Hängedrehförderer

Die Einführung der Hängedrehförderer im Jahr 1979 ist ein großer Schritt in Richtung mehr Ergonomie in der Montage: Wo sich früher die Arbeiter zur Karosserie bewegen mussten, werden nun die Fahrzeuge in die optimale Arbeitsposition geschwenkt. Die belastende Arbeit über Kopf wird an Arbeitsplätzen mit Hängedrehförderer deutlich reduziert.

Hauspost

Als alle Nachrichten noch per Brief verschickt wurden, waren am Standort Sindelfingen vier Werksbriefträger tätig. Zwischen der Poststelle in Gebäude 1 und der Wagenauslieferung im Gebäude 5 gab es außerdem ein Rohrpostsystem. Per Druckluft konnten die Rohrpostbüchsen, in die man zum Beispiel die Fahrzeugpapiere steckte, zu jeder Zeit und schnell verschickt werden.
Seit 2005 gibt es in Sindelfingen keine eigene Poststelle mehr, interne wie externe Post läuft über die zentrale Poststelle in Stuttgart. Dort gehen täglich rund 6 000 Briefe für den Standort Sindelfingen ein oder werden verschickt. Sie werden in drei Posttouren abgeholt beziehungsweise zugestellt.

Mitarbeiter sortieren Briefe in der Sindelfinger Poststelle.

Crashtest mit einem Typ 250 SE, 1967. Um ein unverfälschtes Ergebnis zu erzielen, wird die Heißwasserrakete kurz vor dem Aufprall des Versuchsfahrzeugs abgebremst.

Kurz vor dem Start: Crashtest mit einem Typ 220, angetrieben von einer Heißwasserrakete, 1963

Heißwasserrakete

Für die Unfallexperimente der Mannschaft um Karl Wilfert konstruiert Dr. Ernst Fiala 1962 eine innovative Heißwasserrakete. Sie beschleunigt die Fahrzeuge, die bislang mit einer Schleppleine in Fahrt gebracht wurden. Die Heißwasserrakete wird hinter dem Versuchswagen angebracht und verleiht ihm Schub. Sie besteht aus einem Druckbehälter mit rund 260°C heißem Wasser, einem Ventil und einer Ausströmdüse. Der Überdruck des Heißwassers beschleunigt nach dem Öffnen des Ventils die Rakete und damit das Automobil auf mehr als 100 km/h.

→ »Crashtest«

Luftaufnahme des werkeigenen Heizkraftwerks, 2013

Heizkraftwerk

→ »Gasturbine«

Hochzeit am Fließband, um 1972

Hochzeit

Die Hochzeit ist ein großes Ereignis, auch in einer neonhellen Werkhalle. »Hochzeit« ist der Begriff für den faszinierenden Arbeitsschritt in der Montage, bei dem Fahrwerk, Antrieb und Karosserie des neuen Fahrzeugs zusammengefügt werden. Nun sieht das, was aus Tausenden von Teilen vormontiert wurde, wie ein Auto aus und kann sich auf eigenen Rädern in die Endmontage begeben.
1946 finden im Werk Sindelfingen die ersten Hochzeiten in Serie statt. In dieser Zeit werden die ersten 170 V Krankenwagen und Lieferwagen komplett endmontiert.

Honiglappen

Die Arbeit an der perfekten Außenhaut der Mercedes-Benz Fahrzeuge beginnt bereits in einem sehr frühen Produktionsstadium. Beim Umformen und Lochen der Platinen im Presswerk wird sichergestellt, dass die Werkzeugoberflächen frei von Staubpartikeln oder Spänen sind. Ideal zum Aufnehmen dieser störenden Partikel sind die leicht klebrigen, gelben Staubbindetücher, gerne auch Honiglappen genannt.

→ »Presswerk«

Der Schornstein des mittlerweile abgerissenen Heizkraftwerks West: der alte Platz der Hupe

Hupe

Die Arbeit im Werk prägt auch den Takt der Stadt. Denn das weit hörbare Signalhorn gibt dem Hörensagen nach auch dem Tageslauf in Kindergärten und Haushalten eine zeitliche Orientierung. Tönt die Hupe einmal nicht oder zur falschen Zeit, rufen besorgte Sindelfinger im Werk an und fragen nach, was denn los sei. Früher rief die Hupe um 7 Uhr zur Arbeit, verkündete die Pause von 12 Uhr bis 12.45 Uhr und meldete um 16 Uhr den Beginn des Feierabends. Den vielfältiger gewordenen Arbeits- und Pausenzeiten im Werk entsprechen die Zeiten der Hupe schon längst nicht mehr, trotzdem hupt es immer noch täglich zu diesen Zeiten. Denn das Hupen verkörpert eine liebgewordene Tradition, die bis ins Jahr 1926 zurückreicht, in dem die ehemalige Schiffshupe am Schornstein des alten Heizkraftwerks montiert wurde. Gefertigt ist sie aus Rotguss, für ihre durchdringende Lautstärke sorgt Dampf mit 4 Bar Druck.

Die Hupe, seit 1984 vollautomatisch gesteuert, an ihrem aktuellen Platz auf Gebäude 10

Der S 500 PLUG-IN HYBRID, 2014

Hybrid

Hybridfahrzeuge kombinieren unterschiedliche Antriebe und machen sich die jeweiligen Vorteile zunutze: Ein Verbrennungsmotor, der eine große Reichweite ermöglicht, wird kombiniert mit einem Elektromotor, der effizienter und lokal emissionsfrei ist. Den weltweit ersten serienmäßigen Hybridantrieb mit Lithium-Ionen-Batterie bietet 2009 ein Fahrzeug aus Sindelfinger Produktion: der Mercedes-Benz S 400 HYBRID. 2014 kommt der neue S 500 PLUG-IN HYBRID auf den Markt – das erste Dreiliterauto der Luxusklasse.

→ »Batterie«

Verlosung bei einer Feier des Vorschlagswesens, 1965

Ideenmanagement

Seit bald 60 Jahren lädt Mercedes-Benz die Mitarbeiterinnen und Mitarbeiter ein, mit ihren Ideen Arbeitsabläufe, Arbeitsmittel, Produkte und Anlagen zu verbessern. Unterstützt werden auch Verbesserungsvorschläge, die die Gesundheit der Beschäftigten erhalten, die Sicherheit erhöhen oder die Umwelt besonders schützen. Das Ideenmanagement im Werk Sindelfingen ist die Anlaufstelle für Verbesserungsvorschläge aus allen Bereichen. Wird ein Vorschlag umgesetzt, erhält der Ideegeber eine Prämie. Mit der Idee des Monats werden Einreicher ausgezeichnet, die besonders pfiffige Vorschläge eingereicht haben. Auszeichnungen erhalten außerdem diejenigen, die besonders viele gute Ideen hatten. Spitzenreiter im Jahr 2013 war hier ein Mitarbeiter aus dem Presswerk – in 15 Jahren wurden mehr als 300 seiner Ideen umgesetzt!

→ »Patente«

Intelligentes Fahren

Die Elektronik wird zum Schutzengel des Straßenverkehrs. Zahlreiche neue Assistenzsysteme helfen, Unfälle zu vermeiden. Die intelligenten Systeme machen Autos unabhängiger von den Fehlern ihrer Fahrerinnen und Fahrer. Unter dem Begriff Mercedes-Benz Intelligent Drive bündelt das Unternehmen die Assistenzsysteme, die mittlerweile nicht mehr nur der Luxusklasse zugutekommen. Erstmals stehen in der neuen C-Klasse der Baureihe 205 auf Wunsch auch teilautonome Fahrfunktionen aus der S- und E-Klasse zur Verfügung. So unterstützt der Tempomat DISTRONIC PLUS mit Lenk-Assistent und Stop&Go Pilot den Fahrer, beispielsweise bei der Wahrung des Abstands.

→ »Autonomes Fahren«, »Forschung und Entwicklung«

Schutz vor Geisterfahrt: Erkennt der Verkehrszeichen-Assistent ein Einfahrverbot, warnt er Fahrerin oder Fahrer, 2014

Intuition

→ »Gesten-Steuerung«

JAV

Die Jugend- und Auszubildendenvertretung (JAV) besteht aus gewählten Jugendlichen und Auszubildenden am Standort Sindelfingen. Die »JAVis« setzen sich aus verschiedenen (Ausbildungs-)Berufen zusammen. Sie sind wie der Betriebsrat ein Gremium, das im Betriebsverfassungsgesetz verankert ist, und vertritt die Interessen der Jugendlichen und Auszubildenden im Unternehmen.

→ »Azubis«

Die Jubilare und ihre Angehörigen beim offiziellen Teil der Feier, 2006

Jubiläum

Die langjährige Betriebszugehörigkeit zahlreicher Mitarbeiterinnen und Mitarbeiter ist ein Grund zum Feiern! Mindestens zweimal im Jahr gibt es in Sindelfingen Jubiläumsfeiern für die Jubilare mit 25, 40 und 50 Jahren Betriebszugehörigkeit. Bei diesen Ehrungen mit Reden und Rückblicken auf die letzten Jahrzehnte feiern dann jeweils zwischen 600 und 1 200 Gäste, einschließlich der Führungskräfte und Angehörigen der Jubilare. Es gibt gutes Essen, Musik und Tanz. Außerdem dürfen sich die Jubilare über eine Sonderzahlung und Sonderurlaub zum Jubiläum freuen.

Jumbopresse

Die Presskraft der Jumbopresse im Presswerk entspricht mit 7 300 Tonnen in etwa dem Gewicht des Eiffelturms. Die Presse arbeitet im 24-Stunden-Betrieb und fertigt ungefähr 9 000 Karosserieteile am Tag, auch für andere Werke, zum Beispiel Rastatt oder Kecskemét (Ungarn).

→ »Coil«, »Presswerk«

Jumbopresse im Presswerk Sindelfingen, 2006

Just-in-Sequence

Just-in-Sequence ist die hohe Schule der lagerlosen Produktionslogistik und eine Weiterentwicklung der Belieferung Just-in-Time. Zusätzlich zur zeitgenauen Anlieferung wird bei Just-in-Sequence auch sequenzgerecht geliefert. Also in exakt der Reihenfolge, in welcher Teile oder Baugruppen schließlich in der Montage verbaut werden. So trifft das cavansitblaue Frontendmodul wirklich mit der cavansitblauen Karosserie zusammen.

Käfer

Die Produktion des »Käfers« beginnt bei Daimler-Benz. Die VW 30 genannte Serie von 30 Prototypen des späteren KdF-Wagens bzw. Volkswagens wird 1937 in Sindelfingen gebaut und in 2,4 Millionen Erprobungskilometern getestet. Das ist nichts Außergewöhnliches in den 1930er Jahren. In den Archiven ist belegt, dass im Werk Sindelfingen Aufbauten für Fremdfirmen, beispielsweise Wanderer oder BMW, in dieser Zeit zu Tausenden gefertigt wurden.

Ein Prototyp des VW »Käfer« aus der in Sindelfingen gebauten Versuchsserie VW 30, 1937

Betriebsrestaurant in Gebäude 24, 1978

Kantine

→ »Goldener Löffel«, »Lieblingsessen«

Kartoffelgeld

In den Notzeiten nach den Weltkriegen ist es keineswegs selbstverständlich, dass die Familien der Mitarbeiterinnen und Mitarbeiter ihren Kartoffelvorrat für den Keller im Herbst vorfinanzieren können. Das Werk gewährt in diesen Jahren zusätzliches »Kartoffelgeld« – jährlich ausgehandelt mit dem Betriebsrat.

KiTa

→ »sternchen Sindelfingen«, »Diversity«

Eiszeit im Klima-Windkanal, 2011

Klima-Windkanal

In Gebäude 64/1 im Mercedes-Benz Technology Center (MTC) befinden sich Wüste und Antarktis unter einem Dach. Hier sind die beiden 2011 eingeweihten neuen Klima-Windkanäle untergebracht. Wind und Nässe sowie Hitze und Kälte zwischen plus 60 °C und minus 40 °C sind hier jederzeit verfügbar. Unter nahezu allen klimatischen Bedingungen der Erde können hier Fahrzeuge 365 Tage im Jahr getestet werden.
Einer der beiden neuen Klima-Windkanäle ist der Kaltkanal mit einem Temperaturbereich von minus 40 °C bis plus 40 °C. Im Warmkanal steht ein Temperaturbereich von minus 10 °C bis plus 60 °C zur Wahl. Beide Kanäle erlauben Windgeschwindigkeiten bis zu 265 km/h und bieten damit genug Reserven, um selbst Sportwagen auf den Prüfstand zu nehmen.

→ »Forschung und Entwicklung«, »Qualität«

Knautschzone

Jeder Autofahrer kennt mittlerweile das Stichwort Knautschzone. Die 1952 für Daimler-Benz patentierte Sicherheitsfahrgastzelle hat sich branchenweit durchgesetzt. Die Knautschzonen vorne und hinten sind die Bereiche der Karosserie, die sich bei einem Aufprall verformen und somit die Bewegungsenergie abbauen. Die steife Fahrgastzelle bleibt dabei erhalten und schützt die Fahrzeuginsassen.

→ »Patente«, »Sicherheitsfahrgastzelle«

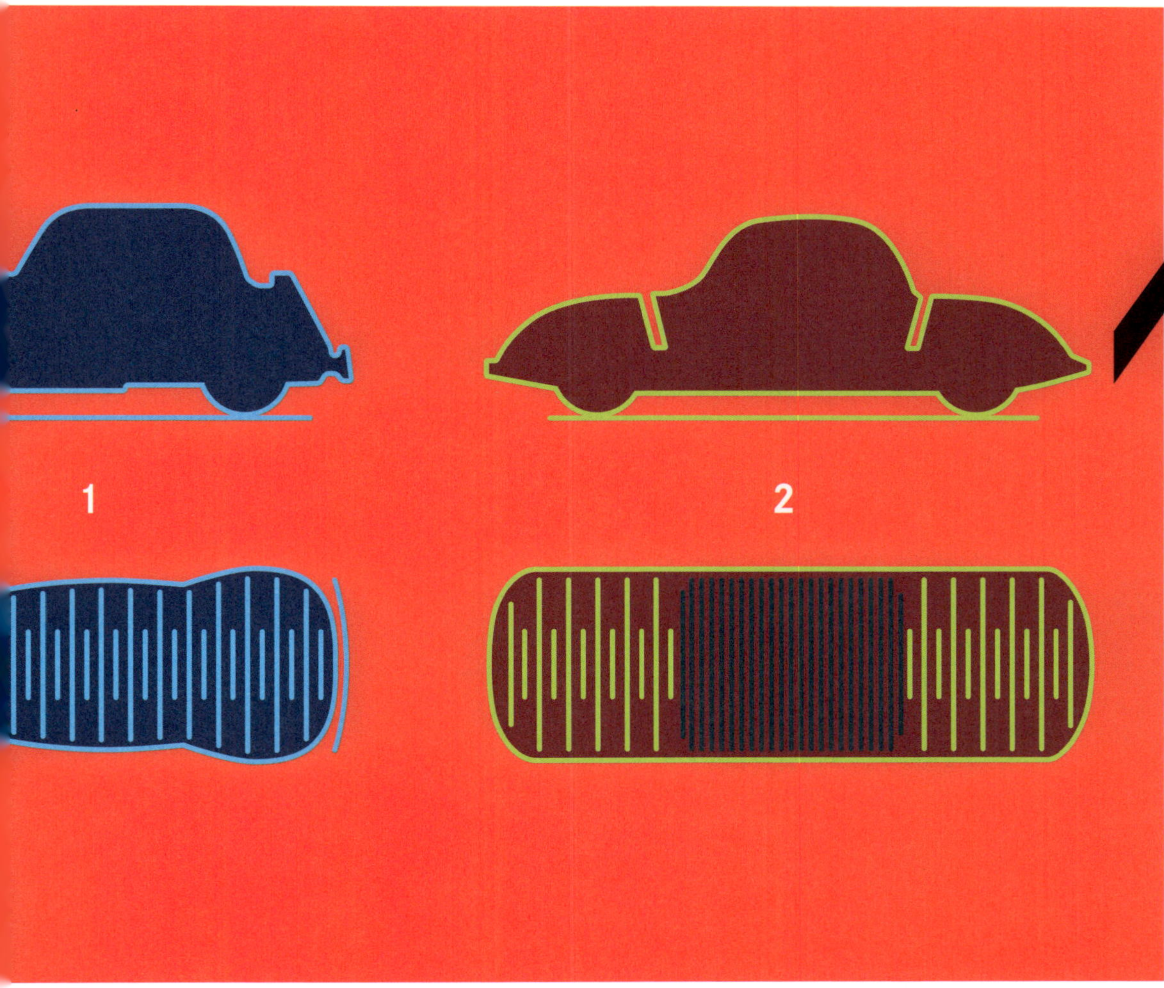

Die herkömmliche Konstruktionsweise (1) und das neue Prinzip der Knautschzone (2) im Vergleich, 1952

Kommunikation

→ »Hauspost«, »Moshi-Moshi-Telefon«, »Telematik«, »Vernetztes Fahrzeug«, »Zeitung«

Lackierung

→ »Glockenteller«, »X Farben«

Lehrlingsfreizeit in Haus Lämmerbuckel, 1960

Haus Lämmerbuckel: Lernen in entspannter Atmosphäre, 1968

Lämmerbuckel

Sieht man heute das 1980 eröffnete Bildungszentrum Haus Lämmerbuckel, so ahnt man nicht, wie das Unternehmen zu diesem Standort kam. 1944 geht es zunächst darum, im Autobahntunnel unter dem Lämmerbuckel eine Produktionsstätte einzurichten. Hier sind Zwangsarbeiter beim Bau von Teilen für Flugmotoren eingesetzt. Oben auf dem Lämmerbuckel werden Unterkünfte für die Zwangsarbeiter gebaut. Nach dem Krieg, 1946, erhält das Grundstück auf dem Lämmerbuckel eine friedliche Bestimmung. Zunächst wird ein Jugenderholungsheim eingerichtet, dort absolviert im Mai 1955 eine erste Gruppe von 30 Auszubildenden des Werks Sindelfingen eine Freizeit. 1956 wird das Haus zum Bildungsstandort, an dem die sozialpädagogischen Lehrgänge im Rahmen der Ausbildung stattfinden. Heute nutzt die Daimler AG das Haus Lämmerbuckel für Weiterbildungen, Seminare und Schulungen der Mitarbeiterinnen und Mitarbeiter.

→ »Azubis«, »Zwangsarbeiter«

LEA

Als Auszubildende noch Lehrlinge hießen, gab es auch die LEA. LEA steht für die Lehrlingsabteilung, die 1958 mit ihren Lehrwerkstätten in das eigens dafür neu errichtete Gebäude 30 einzieht. Besonders in den 1980er Jahren ändert sich vieles in der Ausbildung: 1983 werden die ersten zwölf Mädchen zur gewerblich-technischen Ausbildung in die LEA aufgenommen. 1987 werden die Ausbildungsinhalte der industriellen Metallberufe Dreher, Schlosser und Schmied grundlegend neu ausgerichtet. Entsprechend gibt es dann neue Berufsbezeichnungen von A wie Automobilmechaniker bis Z wie Zerspanungsmechaniker. 1991 zieht die Betriebliche Bildung, wie sie mittlerweile heißt, in das neue Gebäude 11 um.

→ »Azubis«

Lehrwerkstatt in Gebäude 30, 1980er Jahre

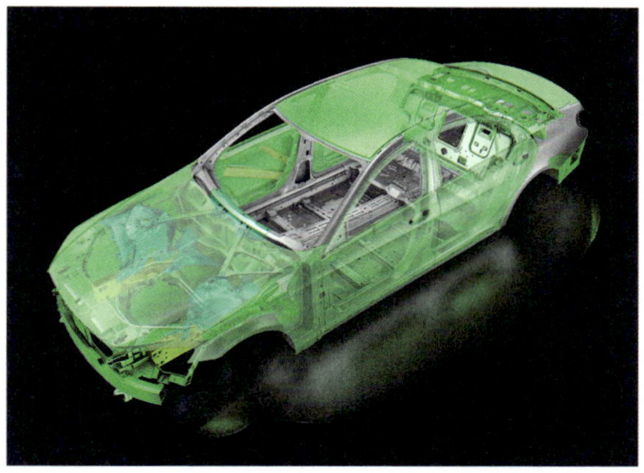

Aluminium-Hybrid-Karosserie der S-Klasse. Betrachtet man die Oberfläche der Karosserie, so liegt der Anteil von Aluminium bei 51 Prozent (im Bild grün dargestellt), 2013

Leichtbau

Wie kann man ein Fahrzeug leichter machen und gleichzeitig dafür sorgen, dass es noch sicherer und komfortabler als das Vorgängermodell wird? Bei einem reduzierten Kraftstoffverbrauch und dadurch geringerem CO_2-Ausstoß? Mit diesen Fragen beschäftigen sich die Forscher und Entwickler sowie die Produktionsplaner und haben dabei vor allem Aluminium und hochfeste Stähle im Blick. Diese Werkstoffe werden auch in unterschiedlichen Kombinationen, also in der sogenannten hybriden Bauweise, eingesetzt. Den Erfolg der Ingenieure krönt der Preis für den Karosserie-Rohbau der S-Klasse der Baureihe 222 in Stahl-Aluminium-Hybridbauweise: Hierfür wurden sie mit dem »EuroCarBody Award« ausgezeichnet.

→ »Materialforschung«

Lieblingsessen

Rund 13 000 Mitarbeiterinnen und Mitarbeiter essen täglich in den elf Betriebsrestaurants am Standort. Sie wählen aus verschiedenen Hauptgerichten oder bedienen sich am Pasta- und Salatbuffet. Darüber hinaus gibt es wechselnde Aktionswochen, beispielsweise mit asiatischen Spezialitäten. Das unangefochtene Spitzentrio bei der hungrigen Belegschaft bilden aber nach wie vor die Klassiker: Schnitzel, Currywurst und – typisch schwäbisch – Linsen mit Spätzle.

→ »Einweggeschirr«, »Goldener Löffel«, »Kantine«, »Saustall«

Nachschlag im Betriebsrestaurant in Gebäude 24, 1987

Eine Klemm-Daimler L 20 über Sindelfingen, 1928

Leichtflugzeug

Direktor Hanns Klemm lässt 1921 in Gebäude 6 eine Versuchsabteilung einrichten, um in dieser sehr schwierigen Zeit neue und wirtschaftlich erfolgreiche Produkte zu entwickeln. Ein Resultat sind die technisch hervorragenden Leichtflugzeuge Daimler L 15 und L 20, die in Sindelfingen entwickelt und gebaut werden. Wirtschaftlich sind die Leichtflugzeuge allerdings kein Erfolg, die Daimler-Motoren-Gesellschaft verkauft Ende 1926 die Flugzeugsparte an Hanns Klemm. Dieser scheidet 1927 in der Folge aus dem Unternehmen aus und widmet sich ausschließlich dem »Leichtflugzeugbau Klemm«.

→ »Flugzeugbau«

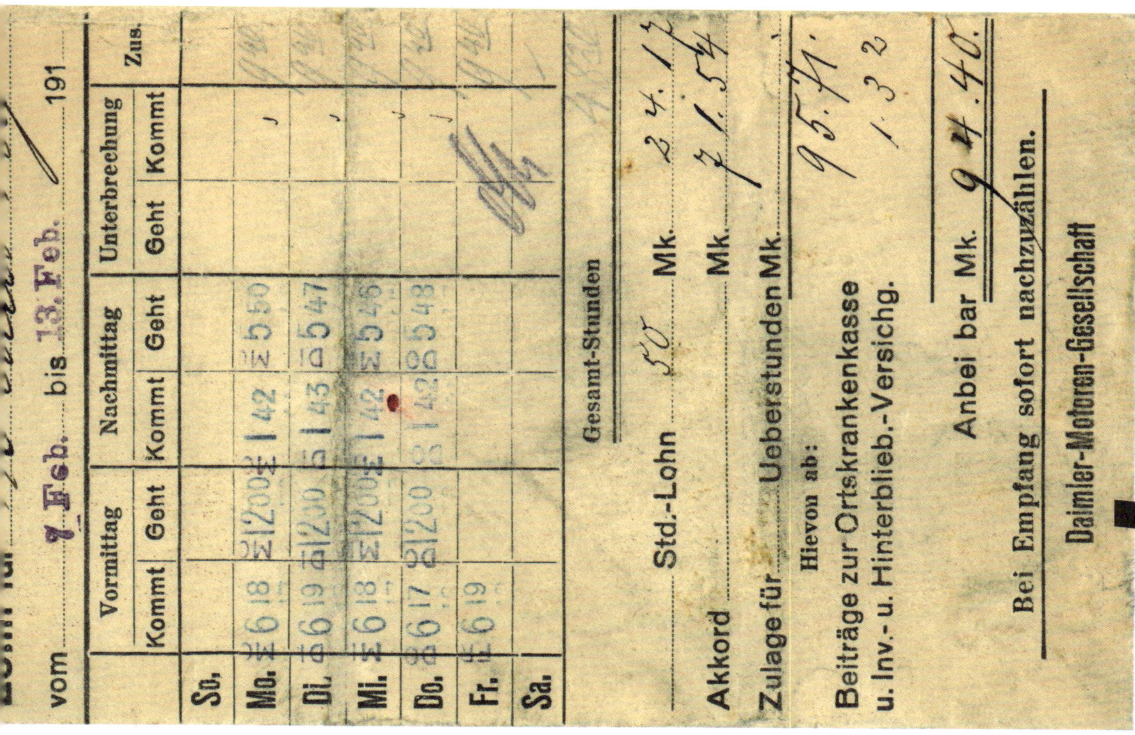

Lohnzahlung in bar: Lohntüte, 1915

Werksausweis, 1937

Lohntüte

Aus dem richtigen Leben ist sie seit den 1960er Jahren verbannt, doch noch heute sprechen wir von der Lohntüte – in der man mehr oder weniger haben kann. Der Abschied von der Lohntüte mit dem genau abgezählten Wochenlohn und einem Lohnstreifen zur Abrechnung fiel nicht leicht. Noch heute erzählt man sich im Werk, wie seinerzeit die Ehefrauen freitags an den Toren warteten, um direkt nach der Auszahlung der Löhne das Haushaltsgeld von ihren Ehemännern in Empfang zu nehmen.

Leichtbauteile für den Innenraum sparen Gewicht dank innovativer Papierwabenstruktur, 2012

Materialforschung

Sie arbeiten daran, Fahrzeuge leichter zu machen: die Materialforscher bei Daimler. Sie entwickeln neuartige Werkstoffe und Werkstoffverbunde, die den Anforderungen in Bezug auf Crashverhalten, Korrosion, Gewicht oder Geräuschentwicklung standhalten. Die Kolleginnen und Kollegen der Sindelfinger Werkstoff- und Produktionstechnik beschreiben die Materialien dann noch genauer, damit die Fahrzeugproduktion sichergestellt werden kann. Und da ein Mercedes-Benz an verschiedenen Standorten weltweit gebaut werden kann, müssen die neuen Werkstoffe auch überall verfügbar sein.

→ »Leichtbau«

Maybach Manufaktur

Von Sindelfingen aus startet die neue Maybach Luxuslimousine am 2. Juli 2002 zu ihrer Weltpremiere in New York. Sindelfingen ist ab 2002 der Standort der Maybach Manufaktur. Bis 2012 wird der Maybach hier in wahlweise langer oder kurzer Version und auch als offenes Landaulet gefertigt. Das Center of Excellence ermöglicht den Maybach Kunden damals individuelle Führungen durch die Manufaktur, wo man auf einer Strecke von nur 200 Metern Länge den gesamten Montageprozess beobachten kann.

→ »Center of Excellence«

Montage der Fondmittelkonsole, 2002

Null-Fehler-Tor am Montageende, 2002

Cockpitmontage mit handgeführtem Roboter wird erprobt, 2005

Mensch und Roboter

Knapp 4 200 Roboter gibt es am Standort Sindelfingen. Schon heute unterstützen sie die Mitarbeiterinnen und Mitarbeiter, indem sie bestimmte belastende Arbeiten übernehmen. Und in Zukunft könnten Mensch und Roboter sogar fast zu Kollegen werden, denn eine neue, noch intelligentere Roboter-Generation steht bereits in den Startlöchern. Von sensitiven Leichtbaurobotern können sich die Beschäftigten in allen Phasen des Produktionsprozesses unterstützen lassen – in unmittelbarer Interaktion ohne Schutzzaun. Versuche dazu laufen in Sindelfingen bereits, zum Beispiel für die Endmontage: Hier assistieren sensitive Leichtbauroboter im Fahrzeuginneren den Mitarbeitern als »dritte Hand«, während diese gleichzeitig von außen Teile montieren. So werden die kognitiven und physischen Fähigkeiten des Menschen kombiniert mit der Wiederholgenauigkeit, Präzision und Ausdauer der Roboter.

→ »Roboterkrankenhaus«

Mitfahrwagen

Der Mitfahrwagen ist ein gutes Beispiel für die ergonomische Optimierung der Arbeitsplätze in der Montage: Er kann geschoben oder gezogen werden, fährt auf dem Mitfahrband mit oder lässt sich mit Magnetfüßen (Paddel) am Gehänge (Schlitten) andocken. So müssen die Mitarbeiterinnen und Mitarbeiter keine Lasten tragen, denn auch das Werkzeug und Material fährt mit.

→ »Hängedrehförderer«

Mitfahrwagen im Einsatz, 2006

Mittelpfad

→ »Werkgelände«

Möbel

→ »Friedensartikel«

Schlafzimmermöbel aus dem Werk Sindelfingen, 1919

Molchschiebe-zylinderzielbahnhof

Mit sogenannten Molchen werden die Leitungen der Lackieranlagen gereinigt und Lack zurückgewonnen. Bewegt werden die »Molche« von Schiebezylindern jeweils am Anfang und am Ende der Leitung.
Am Ende der Leitung landen sie im »Molchschiebezylinderzielbahnhof«. Ein schönes Beispiel für Technik, die die Umwelt entlastet und für Fachausdrücke, nach denen noch nicht einmal in einem Quiz gefragt wird.

→ »Glockenteller«, »X Farben«

Moshi-Moshi-Telefon

»Moshi Moshi« ist das freundliche »Hallo« der Japaner beim Abheben des Telefons. Zu einer Moshi-Moshi-Telefonanlage gehört ein Bedienhörer, der in das Fahrzeug-Bordnetz integriert und via Bluetooth mit dem Mobiltelefon verbunden ist. Zusätzlich wird eine Aufnahmeschale integriert, die das eigene Mobiltelefon dann mit der Außenantenne verbindet und das Aufladen ermöglicht.
Moshi-Moshi-Telefonie ermöglicht besonderen Komfort und eine hervorragende Sprachqualität. Bislang wird sie auf Kundenwunsch für die S-Klasse angeboten.

→ »S wie Super«

Moshi-Moshi-Telefon in der Mittelkonsole im Fond einer S-Klasse, 2013

Werkstraße an der Rückseite des Verwaltungsgebäudes im Wiederaufbau, September 1950

Nachkriegszeit

Unter schwierigen Umständen wird nach Ende des Zweiten Weltkrieges der Schutt geräumt. Der Wiederaufbau dauert Jahre. Für erste Umsätze sorgen Reparaturaufträge der Besatzungstruppen und Notprodukte wie Blechgeschirre und Handwagen. Als erstes Fahrzeug wird 1946 der Typ 170 V als Krankenwagen, Polizei-Streifenwagen und Lieferwagen gebaut. 1947 fällt die Entscheidung, dass das Werk Sindelfingen neben dem Karosseriebau auch die Endmontage übernimmt, die bislang in Untertürkheim stattfand.

→ »75%«

Nanotechnologie

Unvorstellbar kleine Teilchen – ein Nanometer ist ein milliardstel Meter – sind der Grund dafür, dass die Stubenfliege an der Decke laufen kann. Nanostrukturen können aber auch Dieselmotoren effizienter machen. Ein interessantes Beispiel dafür ist die NANOSLIDE-Technologie von Mercedes-Benz, die seit 2011 in Serie ist: Eine nanokristalline Eisenschicht wird auf die Innenseiten der Zylinder von Dieselmotoren aufgebracht und weiterbearbeitet, bis sie spiegelglatt sind. Was der Fliege in die Wiege gelegt ist, muss als Technologie allerdings mit viel Inspiration und großem Einsatz erarbeitet werden: So sind die Erfindungen der Daimler Ingenieure zum NANOSLIDE-Verfahren durch über 90 Patentfamilien und mehr als 40 Patente geschützt.

→ »Forschung und Entwicklung«, »Patente«

Nationalitäten

Die Welt in einem Werk – so darf man sich die Vielfalt der Nationalitäten am Standort Sindelfingen vorstellen. Angehörige von sage und schreibe 90 Nationen arbeiten 2014 für Mercedes-Benz in Sindelfingen: von Armeniern, Brasilianern und Chinesen über Jordanier, Kameruner und Letten bis zu Thailändern, Ukrainern und Vietnamesen. Die meisten Kolleginnen und Kollegen sind entweder deutsche, türkische oder italienische Staatsbürger.

→ »Diversity«, »Gastarbeiter«

Supermarkt beim Wohnheim Niederer Wasen, 1970er Jahre

Aufenthaltsraum im Wohnheim Niederer Wasen, 1970er Jahre

Niederer Wasen

1970 beginnen die Bauarbeiten für das groß angelegte neue Wohnheim Niederer Wasen. Nach der Benzwiese ist dies eine weitere Unterkunft für rund 2 000 »Gastarbeiter«. Die Unterkünfte bestehen aus 16 Quadratmeter großen Vierbettzimmern, Gemeinschaftsküchen sowie Sanitär- und Aufenthaltsräumen. Die Betreuung durch das Jugendsozialwerk ist im Mietpreis von 60 DM monatlich enthalten, ebenso die frische Bettwäsche und die Hausreinigung. Es gibt außerdem einen kleinen Supermarkt, ein Restaurant und einen Veranstaltungsraum. Mit der Errichtung von Sportanlagen wird ein Freizeitangebot für die Bewohner geschaffen. Dass sich die Sportanlagen der SG Stern bis heute auf dem Gelände des Wohnheims befinden, ist also kein Zufall.

→ »Gastarbeiter«, »SG Stern«

Nm

Auf die Nm kommt es bei Schraubverbindungen in der Montage an: Nm ist die Abkürzung für die Drehmomenteinheit Newtonmeter. Und das Drehmoment ist die Kraft, mit der die Schrauben angezogen werden. Jede Schraube wird auf ein Zehntel Newtonmeter genau mit einem WLAN-Schrauber festgezogen. Dieses Werkzeug liest aus einem Barcode die Spezifikationen der Verschraubung wie Schraubreihenfolge und individuelles Drehmoment. Nach der Verschraubung gibt es ein optisches Signal. Das Ergebnis wird an das Computersystem zurückgemeldet, das die Daten bis 15 Jahre nach Auslaufen der Baureihe speichert.

Nullserie

In der Nullserie, auch Vorserie genannt, müssen Fahrzeuge und neu entwickelte Teile ihre Serienreife unter Beweis stellen. Probleme werden im Rahmen der Nullserie erkannt und behoben. Erst dann startet die Serienproduktion. Die Nullserie eines Fahrzeuges läuft nicht zwangsläufig an dessen späterem Produktionsstandort. So war der Standort Sindelfingen 2013 für die Nullserie einer C-Klassen Variante zuständig, die in Peking speziell für den chinesischen Markt entsteht. Zum Kunden gelangen die Nullserien-Fahrzeuge nicht.

→ »Anlauf«

Olfaktorik

Für den angenehmen, neutralen Geruch in einem neuen Mercedes-Benz sorgen die Sindelfinger Experteninnen und Experten für Olfaktorik. Sie prüfen die Geruchseigenschaften aller im Innenraum eines neuen Modells verwendeten Bauteile und Materialien. Bewertet werden die Gerüche nach Schulnoten – schneidet ein Teil nicht gut genug ab, wird es ausgetauscht. Vor der Serienproduktion nehmen die Geruchsexperten auch im fertigen Fahrzeug Platz und beurteilen das Zusammenspiel aller Materialien. Der einzige Geruch, der in einem Mercedes-Benz bewusst wahrgenommen werden darf, ist übrigens der von Leder.

→ »Forschung und Entwicklung«

Geruchsuntersuchung eines Bauteils einer Armauflage, 2011

Karosseriebau für Omnibusse, um 1930

Omnibusbau

Durch die Fusion der Daimler-Motoren-Gesellschaft (DMG) mit Benz & Cie AG zur Daimler-Benz AG 1926 erhält Sindelfingen neue Aufgaben und neue Bedeutung: Ab 1928 fertigt das Werk auch Aufbauten für Omnibusse. Es werden bis zu 500 Stück jährlich produziert. Die Fertigungsverfahren werden laufend optimiert. Ab 1928 baut man die Karosseriestruktur aus Stahl statt wie bisher üblich aus Holz.

Optiker

Der werkeigene Optiker ist für die optimale Sehfähigkeit der Mitarbeiterinnen und Mitarbeiter am Arbeitsplatz im Einsatz. Ein Schwerpunkt seiner Tätigkeit ist das Anpassen der Schutzbrillen, die die Beschäftigten bei Produktionstätigkeiten vor Augenverletzungen schützen. Etwa bis 1998 kam der Optiker dafür in die Produktionsbereiche. Heute führt er die Sehtests und Beratungen in seiner Werkstatt im Gebäude 3/1 durch. Eine zusätzliche wichtige Aufgabe für den Optiker ergab sich durch die Einführung der Bildschirmarbeit. Wer mit seiner eigenen Sehhilfe am Bildschirm Probleme hat, bekommt eine Bildschirmbrille, die den individuellen Bedürfnissen entspricht.

Anpassen von Schutzbrillen, 1970er Jahre

Papamobil

Seit vielen Jahrzehnten lässt sich der Papst im Mercedes-Benz chauffieren. Den Anfang macht 1930 ein Typ Nürburg mit einer geräumigen und komfortablen Karosserie aus Sindelfingen. 1965 erhält der Vatikan ein Mercedes-Benz 600 Landaulet, das der Papst bis Mitte der 1980er Jahre nutzt. Der Begriff »Papamobil« wird vor allem durch eine weitere in Sindelfingen entworfene Sonderanfertigung populär: einen Mercedes-Benz Geländewagen mit transparenter Kuppel aus Plexiglas, in dem der Papst für die Gläubigen auch bei Wind und Wetter gut sichtbar ist. Zum ersten Mal kommt dieses Papamobil im Herbst 1980 beim Deutschlandbesuch von Papst Johannes Paul II. zum Einsatz. Seit 2006 ist das Fahrzeug im Mercedes-Benz Museum ausgestellt. Auf sein Mercedes-Benz Papamobil muss der Papst dennoch nicht verzichten. 2002 wird im Vatikan eine M-Klasse mit Plexiglaskuppel in Dienst gestellt. Seit Ende 2012 ist ein Papamobil der neuesten M-Klasse Generation im Einsatz.

Mit der Sonderanfertigung des Mercedes-Benz Geländewagens, den Papst Johannes Paul II. zu seinem Deutschlandbesuch im November 1980 erhält, wird die Bezeichnung »Papamobil« populär.

RobScan im Betriebsversuch am Heckmittelstück der S-Klasse Baureihe 220, 2004

Patente

Mit Carl Benz' Patent für sein dreirädriges »Fahrzeug mit Gasmotorenbetrieb« fängt 1886 alles an. Seitdem sind es mehr als 100 000 Patentanmeldungen zur Entwicklung des Automobils geworden. Zum Jahresende 2013 umfasst das Patentportfolio der Daimler AG mehr als 21 800 Patente und Patentanmeldungen. Allein in der neuen S-Klasse finden mehr als 800 dieser Schutzrechte Anwendung. Sie sichern nicht nur Produktinnovationen sondern auch Produktionstechnologien. Ein Beispiel dafür ist das in Sindelfingen entwickelte robotergeführte Laserschweißverfahren RobScan, das seit 2007 in der Großserienproduktion eingesetzt wird. Es ist aktuell mit 31 Patentfamilien geschützt.

→ »Knautschzone«, »Nanotechnologie«, »Sicherheitsfahrgastzelle«

Perlenkette

Präzision am laufenden Band: Wie an einer Perlenkette aufgezogen laufen die individuellen Kundenaufträge in einer festen Montagereihenfolge durch die ganze Fabrik. Übrigens: Schmuck ist aus Sicherheitsgründen am Montageband nicht erlaubt.

Ponton

1953 wird als erster »Ponton-Mercedes« der Typ 180 vorgestellt. Seine neue Form – er hat weder geschwungene Kotflügel noch Trittbretter – und die selbsttragende Karosserie markieren den Beginn einer neuen Ära bei Daimler-Benz. Am 10. September starten die ersten 297 Fahrzeuge zu einer Sternfahrt in die Niederlassungen und zu den Händlern.

→ »Erlkönig«

Mercedes-Benz 180, der erste »Ponton-Mercedes« von 1953

Rahmenbodenanlage des Mercedes-Benz 180 »Ponton«, 1953

Präzision

→ »Eichmeister«, »Nm«

Arbeit an den Pressen im Karosseriewerk Sindelfingen, um 1929

Presswerk

→ »Coil«, »Honiglappen«, »Jumbopresse«, »Umformstufe«, »unterirdisch«

ProCent

»Kleiner Beitrag – große Wirkung: Gemeinsam Gutes tun« ist die Devise des Spendenfonds Daimler ProCent. Das Prinzip ist einfach: Die Beschäftigten spenden die Cent-Beträge ihres Netto-Entgelts, also pro Kopf bis zu 99 Cent im Monat, das Unternehmen gibt denselben Betrag dazu. Weil rund drei Viertel der Sindelfinger Daimler Belegschaft mitmachen, konnten 29 regionale und elf überregionale Projekte allein im Jahr 2013 mit fast 340 000 Euro gefördert werden. Schwerpunkte der Förderung sind die Kinder- und Jugendhilfe, die Behindertenhilfe, Umwelt- und Naturschutz und weitere karitative Projekte. ProCent ist eine Initiative des Gesamtbetriebsrats, die von der Unternehmensleitung und dem Konzernsprecherausschuss mitgetragen und unterstützt wird.

Produktions-planung

→ »CKD-Werke«, »Digitale Fabrik«, »Perlenkette«, »Verladung«

Q-Alarm

Der Q-Alarm ist ein Signal, das der Mitarbeiter auslöst, wenn er die Qualität an seinem Arbeitsplatz nicht einhalten kann. Die Mitarbeiterin oder der Mitarbeiter zieht dann buchstäblich die Reißleine. Der ausgelöste Alarm ruft einen Kollegen herbei. Ist der Fehler behoben, zieht der Unterstützer die Leine ein zweites Mal, um den Q-Alarm zu quittieren. Damit signalisiert er, dass die Qualität wieder stimmt.

→ »Qualität«

Per Reißleine wird der Q-Alarm ausgelöst.

Qualität

→ »Q-Alarm«, »Quietscher«, »Regenprobe«, »SOS«, »Tachostand«

Quietscher

Quietscher, wie die Mitarbeiterinnen und Mitarbeiter der Geräuschanalyse im Werk Sindelfingen umgangssprachlich genannt werden, können eines ganz besonders gut: Geräusche lokalisieren. Quietscher prüfen Fahrzeuge auf der Einfahrbahn und auf Prüfständen gezielt auf Geräusche. Sie wissen auch, wie man das Entstehen unerwünschter Geräusche verhindern kann, und regen gegebenenfalls Änderungen in der Konstruktion des Fahrzeugs an.

→ »Einfahrbahn«, »Rüttelstrecke«

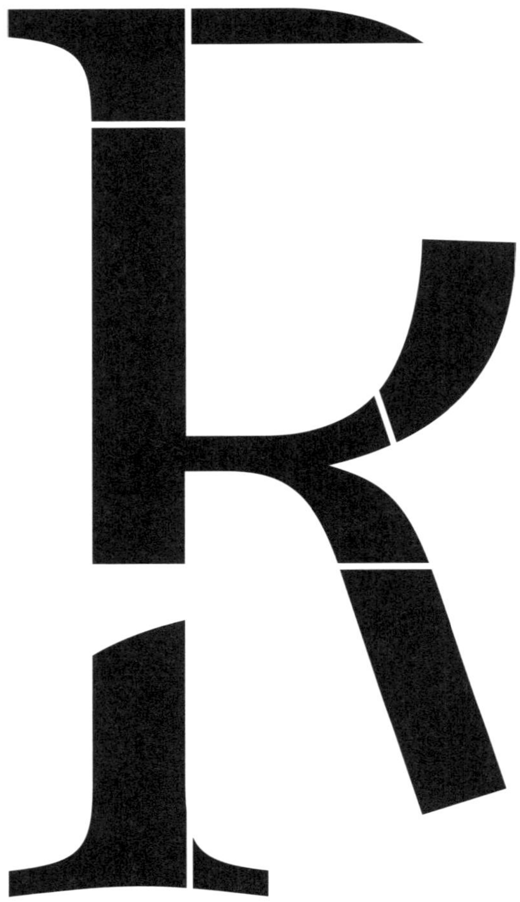

Rezyklateinsatz in der S-Klasse, 2013

Recycling

Ressourcenschonung ist eine zunehmend an Bedeutung gewinnende Umweltthematik. Vor diesem Hintergrund ist die Verwendung von Recyclingmaterialien im Produkt ein relevanter Stellhebel zur Verbesserung der Umweltverträglichkeit von Fahrzeugen. Bei Mercedes-Benz werden daher fahrzeugbezogene Abfallströme möglichst erneut in der Produktion eingesetzt. Ein Beispiel ist die aktuelle S-Klasse der Baureihe 222: Kunststoffe, beispielsweise aus Starterbatterien und Stoßfängerverkleidungen, werden über das Mercedes-Benz Recycling System (MeRSy) aus den Werkstätten gesammelt, aufbereitet und bei der Produktion von Radlaufverkleidungen wieder eingesetzt. Insgesamt werden 51 Bauteile der S-Klasse anteilig aus hochwertigen rezyklierten Kunststoffen hergestellt. Das entspricht fast 50 Kilogramm Bauteilgewicht bei jedem produzierten Fahrzeug.

→ »Materialforschung«

Regenprobe

Regenproben, welche die Dichtigkeit der Karosserien gegen Wasser prüfen, gibt es, seitdem Fahrzeuge in Großserie produziert werden.
Neu sind dagegen die Prüfmethoden, die auch kleinste Undichtigkeiten entdecken können. Denn es kommt nicht nur darauf an, dass der Kunde nicht nass wird, sondern auch darauf, dass selbst kleinste Mengen Wasser nicht ins Fahrzeug gelangen. Sie könnten dort Korrosion auslösen oder elektronische Bauteile beschädigen. Seit 2012 ist in Sindelfingen bei der Regenprobe die Wärmebildkamera im Einsatz, ein in Sindelfingen entwickeltes und inzwischen zum Patent angemeldetes Verfahren. Es basiert darauf, dass die Kälte, die beim Verdunsten auch kleinster Mengen Wasser entsteht, von der Wärmebildkamera erfasst wird.

Mercedes-Benz SLS AMG bei der Regenprobe, 2011

UV-Licht macht die Verschmutzung der Karosserie bei Regenfahrten sichtbar, 2002

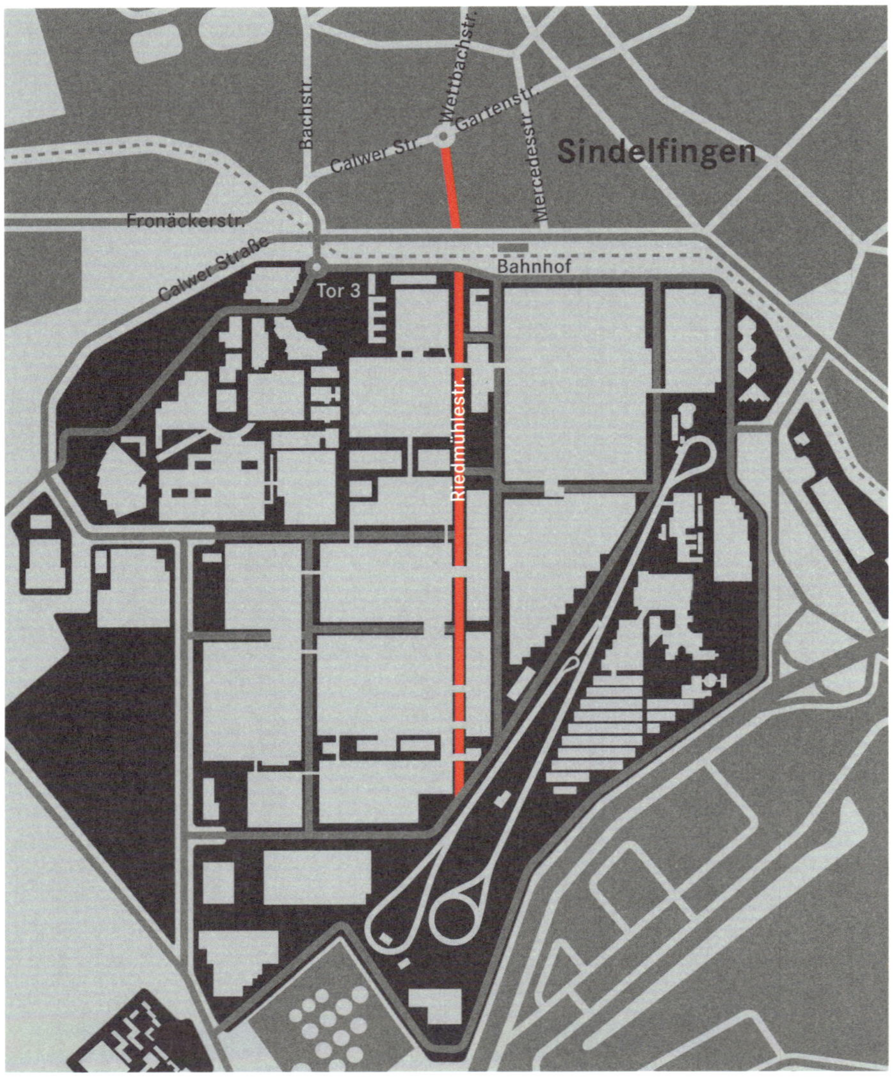

Werkplan mit der geradlinigen Riedmühlestraße

Riedmühlestraße

Die Hauptverkehrsader im Werk wird intern als Riedmühlestraße bezeichnet und ist damit die einzige Straße auf dem Werkgelände, die einen Namen hat. Sie ist lang, breit und geradlinig – und war einmal Teil jener Riedmühlestraße, die auch heute noch zwischen Werk und Innenstadt verläuft. Ihr Name leitet sich von einer ehemaligen Mühle ab, die sich einst auf dem heutigen Werkgelände befand.

→ »Bierstraße«, »Werkgelände«

Roboterkrankenhaus

Zeigt ein Roboter Verschleißerscheinungen, sind die Experten der Fabrik- und Werktechnik gefragt. Das Roboterkrankenhaus, wie diese Abteilung auch genannt wird, hat rund um die Uhr für seine »Patienten« geöffnet. Nach der Reparatur absolviert der Roboter in einer Versuchszelle eine Art Gesundheitscheck: eine 48-stündige Prüfroutine über alle seine Bewegungsachsen. Erst wenn dieser Dauertest auf Herz und Nieren erfolgreich verlaufen ist, kann der Roboter im Werk wieder vollen Einsatz leisten.

→ »Mensch und Roboter«

»Patient« Roboter im Prüfstand, 2014

Ein C 111 der zweiten Ausführung von 1970 mit noch stärkerem Motor und noch attraktiverem Design

Das Design-Team in Sindelfingen bei der Arbeit am C 111, 1969

Rollendes Versuchslabor

Pioniergeist auf Rädern – so könnte man die Forschungsfahrzeuge von Mercedes-Benz nennen. Auf der Internationalen Automobil-Ausstellung 1969 demonstriert dies eindrucksvoll der als »rollendes Versuchslabor« präsentierte C 111. Er überrascht und fasziniert Publikum und Fachwelt durch sein keilförmiges Design, seine in auffälligem Orangemetallic lackierte Kunststoff-Karosserie und seine spektakulären Fahrleistungen, die der Wankelmotor und das innovative Fahrwerk ermöglichen. Einige Kunden wollen das orangefarbene Zukunftsmobil sofort kaufen und legen Blanko-Schecks vor. Die bereits nach sechs Monaten vorgestellte, noch leistungsstärkere und attraktivere Variante weckt weitere Wünsche. Vergebens, der C 111 bleibt ein Experimentalfahrzeug und wird zum Rekordwagen weiterentwickelt, der von 1976 bis 1979 mit spektakulären Rekordfahrten im süditalienischen Nardò erneut Furore macht. Dem außergewöhnlichen Sportwagen folgen bis heute zahlreiche weitere Forschungsfahrzeuge von Mercedes-Benz.

→ »C 111«, »Forschung und Entwicklung«, »Forschungsfahrzeug«

S-Klasse Limousine auf der Rüttelstrecke, 2014

Rüttelstrecke

Die Rüttelstrecke ist eine der anspruchsvollen Prüfstrecken der Einfahrbahn. Auf der gepflasterten Strecke – einer sogenannten Schlechtwegstrecke – werden die Testfahrzeuge mit Geschwindigkeiten von 15 bis 30 km/h gefahren. Unter den schlechten Straßenbedingungen lässt sich dabei besonders gut prüfen, ob alles richtig sitzt. Bei Bedarf können fehlerhafte Geräusche am und im Fahrzeug lokalisiert und daraufhin abgestellt werden.

→ »Einfahrbahn«, »Quietscher«

Saustall

Ein Saustall ist sicherlich das Letzte, was man im Werk Sindelfingen erwarten würde! Doch neben der Küche des sogenannten Kasinos, wo die Offiziere speisen, werden während des Ersten Weltkriegs tatsächlich Schweine gehalten. Heute steht an dieser Stelle das Gebäude 5. Noch Ende 1947 werden auf dem Werkgelände 409 Ar Feld bewirtschaftet und elf Mastschweine gehalten, um die Versorgung der Belegschaft aufzubessern.

→ »Kantine«, »Lieblingsessen«, »Nachkriegszeit«

Der Saustall, der sich einst in Gebäude 5 befand, nachgebaut von den Modellbauern der SG Stern Sindelfingen

Taekwondo-Training bei der SG Stern
Sindelfingen, 2013

Ob Surfen, Radfahren oder Motorsport:
Die Sparten der SG Stern bieten viele
Möglichkeiten, 1996

SG Stern

57 Standorte, 87 Sportarten, 40 000 Mitglieder: Die SG Stern Deutschland e. V. ist die Dachorganisation der Sportgemeinschaften der Werke und Niederlassungen von Daimler und einer der größten Vereine Deutschlands.
Seit 1986 gibt es auch eine SG Stern Sindelfingen mit knapp 10 000 Mitgliedern, die in über 30 Sportsparten aktiv sind und die Verbindung von Kollegialität, Sport und Gesundheit zu schätzen wissen. Die SG Stern macht Angebote für unterschiedlichste Interessen: Gesundheitsorientierte nutzen verschiedene Fitnessangebote, Freizeitsportler sind beispielsweise beim Tennis, Squash oder Badminton aktiv, Outdoorsportler können unter anderem segeln oder klettern und Mitarbeiterkinder sind im Ferien-Fußballcamp willkommen.

→ »Niederer Wasen«

Sicherheit

→ »Crashtest«, »Forschung und Entwicklung«, »Intelligentes Fahren«, »Knautschzone«, »Sicherheitsfahrgastzelle«

Der gestaltfeste Fahrgastraum (Sicherheitszelle), umgeben von verformbarer Front- und Heckpartie, 1959

Sicherheits-fahrgastzelle

Seit Ende der 1940er Jahre engagiert sich Mercedes-Benz in der Sicherheitsforschung. Mit zahlreichen bedeutenden Innovationen legt die Marke die Grundlagen für die Fahrzeugsicherheit. Bereits 1952 erhält Daimler-Benz für die Erfindungen von Béla Barényi ein Patent auf das konstruktive Prinzip der gestaltfesten, von Knautschzonen umgebenen Fahrgastzelle. Dadurch reduziert sich die Belastung der Fahrzeuginsassen bei einem Aufprall. 1959 geht die Sicherheitsfahrgastzelle mit den Typen 220, 220 S und 220 SE (Baureihe W 111), den sogenannten Heckflossen-Modellen, in Serie.

→ »Knautschzone«, »Patente«, »Sicherheit«

Sindelfinger Geist

Die Mitarbeiterinnen und Mitarbeiter am Standort sind seit jeher Pioniere in der Automobiltechnik – und bewältigen neue Herausforderungen mit viel Tatkraft und gemeinschaftlichem Engagement. Dieser »Sindelfinger Geist« ermöglichte dem Werk seine starke Entwicklung über 100 Jahre.
Ganz besonders zeigt er sich in Krisensituationen. Erinnern Sie sich noch an den Großbrand im Parkhaus an Tor 7 im März 2011? Oder an den Wasserschaden in der Steuerzentrale im Juni 2013? Selbst Ereignisse, die an die Grenze des Menschenmöglichen gingen, haben die Sindelfinger Beschäftigten gemeinsam in Erfolgsgeschichten verwandelt. Kann man sich heute noch vorstellen, wie nach dem Zweiten Weltkrieg aus Trümmerhaufen das Werk wieder aufgebaut wurde?

→ »75%«

Staplerparade, 2009

Staplerparade

Noch deutlich in Erinnerung vieler Werkangehöriger sind die Staplerparaden im Jahr 2009. Sie sind ein Zeichen des Protests gegen die Entscheidung zur Verlagerung der Produktion der C-Klasse an andere Standorte. Am Ende der Verhandlungen zwischen Unternehmensleitung und Betriebsrat steht die Zukunftssicherung 2014+. Die »ZuSi2014+« schließt betriebsbedingte Kündigungen bis 2020 aus und enthält ein Maßnahmenpaket, das die Arbeitsplätze für die ehemaligen C-Klasse Mitarbeiter in Sindelfingen sichert.

SOS

SOS steht für Sicherheit, Ordnung, Sauberkeit als Motto für viele Alltagsabläufe in der Produktion. Das Thema Sicherheit umfasst zum Beispiel die Beschilderung von Gefahrenstellen, die ordnungsgemäße Verwendung von Werkzeugen oder Informationen zum Tragen der richtigen Schutzkleidung. Ordnung und Sauberkeit bedeuten, dass Werkzeuge und Material nur an den dafür vorgesehenen Orten abgelegt werden. Außerdem, dass Arbeitsumfänge mit entsprechender Sorgfalt ausgeführt oder Abfälle an Arbeitsplätzen und in Pausenzonen ordnungsgemäß entsorgt werden. Damit SOS in allen Bereichen sichergestellt sind, gibt es standardisierte Prozesse, deren Einhaltung mit Checklisten überprüft wird.

sternchen Sindelfingen

Seit 2007 hat das Werk Sindelfingen eine hauseigene Kindertagesstätte, das »sternchen«. Zunächst wird dafür ein ehemaliger Bauernhof in der Nähe des Werks restauriert und umgebaut. Der damalige Werkleiter Prof. Dr.-Ing. Eberhard Haller bezeichnet das »sternchen« bei der Eröffnung als »Mercedes unter den Kindertagesstätten«. Die Kinder werden zweisprachig betreut und in ihrer Entwicklung, Kreativität, Bewegung und Selbständigkeit gefördert. Hauseigene Köche bereiten täglich frische Mahlzeiten zu. Durch den Neubau wird die Kapazität 2009/2010 auf 108 Plätze für Kinder zwischen acht Wochen und drei Jahren erhöht.

→ »Diversity«

Kinderbetreuung im sternchen Sindelfingen, 2010

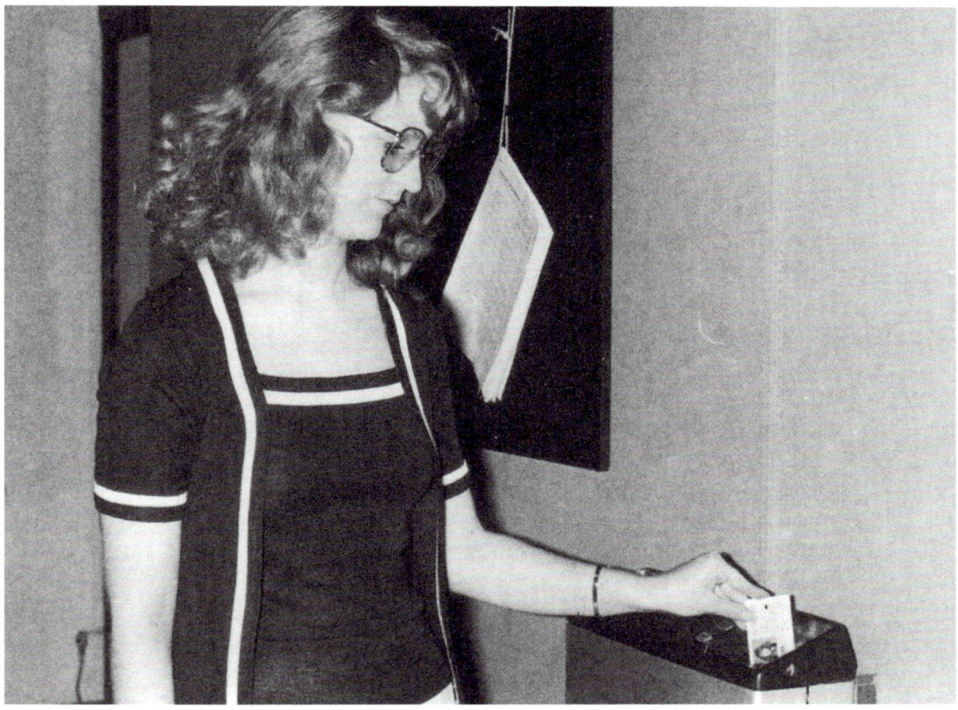

Die Zeiterfassung erfolgt über den Werksausweis, 1972

Stupfen

Um manche Fachausdrücke bei Mercedes-Benz in Sindelfingen zu verstehen, braucht man kein Wörterbuch der Kraftfahrzeugtechnik, sondern gute Schwäbischkenntnisse: Stupfen ist ein schwäbischer Begriff für stechen, und so wird die Stupfuhr schnell als Stechuhr verständlich. Auch nachdem schon lange ein digitales Lesegerät die Stechuhr abgelöst hat, stupfen die Sindelfinger Mitarbeiterinnen und Mitarbeiter nach wie vor.

S wie Super

Die S-Klasse ist eine Klasse für sich. Die Bezeichnung geht ursprünglich zurück auf den 1949 eingeführten Mercedes-Benz 170 S, bei dem das S (damals von »Super« oder »Spezial« abgeleitet) erstmals die hochwertigste Produktreihe der Mercedes-Benz Modellpalette kennzeichnete. Im Jahr 1972 wird mit der Oberklasse-Baureihe 116 die Bezeichnung S-Klasse offiziell eingeführt. Die Mitarbeiter interpretieren das S auch als »Sindelfingens schönster Stern« und sind stolz darauf, dass ihr Werk exklusiver Produktionsstandort der S-Klasse ist.

→ »Autonomes Fahren«, »Moshi-Moshi-Telefon«

Aus den Kindertagen der S-Klasse: der Mercedes-Simplex 60 PS Reisewagen von Emil Jellinek, dem Vater der Namenspatronin Mercedes, aufgenommen in Nizza, 1912

Das erste deutsche Oberklasse-Modell nach dem Zweiten Weltkrieg kam aus dem Werk Sindelfingen: Mercedes-Benz 300 (W 186), 1951

Die aktuelle Mercedes-Benz S-Klasse (Baureihe 222), 2013

Tachostand

Von Sindelfingen in die weite Welt – und weit herum in der Welt. Die Sindelfinger Produkte sind bekannt für ihre Langlebigkeit, aber manche Fahrzeuge bringen es dann doch auf einen erstaunlichen Tachostand: 2004 übergibt der Taxifahrer Gregorios Sachinidis aus Thessaloniki der Sammlung von Mercedes-Benz Classic seinen 240 D, Baujahr 1976, mit einer Laufleistung von sagenhaften 4,6 Millionen Kilometern.

Gregorios Sachinidis aus Thessaloniki mit seinem Mercedes-Benz 240 D Taxi, 2004

Blick in das Cockpit des Rekordwagens mit 4,6 Millionen Kilometern Laufleistung, 2004

Drive Kit Plus in der A-Klasse, 2012

Telematik

Wenn **Tele**kommunikation und Infor**matik** in Verbindung sind, spricht man von Telematik. Dies bedeutet, dass die Funktionen von Smartphones – mobile Telefonie und mobile Internetnutzung – in das Bordsystem des Fahrzeugs integriert werden. Der Fahrer steuert seine Apps oder seine Musik nicht über sein Smartphone, sondern über Tasten oder Sprachbedienung und Touchpad im Auto. So ermöglicht die Telematik komfortables und sicheres Infotainment.
Bereits im März 2012 präsentiert Mercedes-Benz eine Weltpremiere und ist damit Trendsetter auf dem Gebiet der Smartphone-Integration: das Drive Kit Plus in Verbindung mit der Digital Drive Style-App. Der Fahrer kann so seine gewohnten Dienste weiter nutzen, zum Beispiel Internetradio, soziale Netzwerke oder die Navigation.

→ »Vernetztes Fahrzeug«

Testzentrum

→ »Fahrsimulator«, »Klima-Windkanal«, »Forschung und Entwicklung«

Umformstufe

Zur Herstellung eines Bauteils im Presswerk sind mehrere Umformstufen notwendig. Auf der Kompaktsaugerpresse entsteht aus Aluminiumblech in fünf Umformstufen beispielsweise ein Beplankungssatz Vorderkotflügel für eine E-Klasse. In der ersten Umformstufe, der sogenannten Ziehstufe, wird der größte Teil der Form fertiggestellt. Danach folgt der Beschnitt der Randkontur. In den verbleibenden Umformstufen wird die restliche Form auf den Zehntelmillimeter genau fertiggestellt.

→ »Jumbopresse«, »Presswerk«

Umformvorgang in einer Presse, 1930

Kotflügelfertigung für die E-Klasse in fünf Umformstufen, 2013

Umweltschutz

→ »Batterie«, »Biotop«, »Gasturbine«, »Hybrid«, »Recycling«

Die Unfallforscher von Mercedes-Benz vor Ort bei der Untersuchung eines Fahrzeugs

Unfallforschung

Seit 1969 sammeln die Unfallforscher von Mercedes-Benz in Zusammenarbeit mit Behörden und Polizeistationen Informationen über die Art und den Ablauf von realen Unfällen, an denen Mercedes-Benz Pkw beteiligt sind.
Sie analysieren das Verformungsverhalten der Karosserien und Verletzungsursachen. Die Erkenntnisse nutzen die Forscher für die Verbesserung der Insassensicherheit bei Mercedes-Benz Fahrzeugen.

→ »Forschung und Entwicklung«, »Knautschzone«, »Sicherheitsfahrgastzelle«

unterirdisch

Neben dem umfangreichen oberirdischen Straßennetz gibt es im Werk auch Verbindungswege »unter Tage«. Reger Verkehr herrscht zum Beispiel zwischen dem Presswerk, dem Hochregallager in Gebäude 19 und dem Rohbau: Dort gibt es elf Bahnhöfe und täglich knapp 7 000 Verbindungen. Fahrgäste und Fahrer trifft man allerdings nicht an: Das knapp neun Kilometer lange Netz der »Pressteilförderanlage« dient ausschließlich dem Transport von Teilen. Den übernehmen 97 fahrerlose Transportsysteme (FTS), die zusammen täglich fast 3 000 Kilometer zurücklegen.

→ »Presswerk«

Fahrerlose Transportsysteme liefern Teile aus dem Hochregallager, 2014

Die Reise ab Sindelfingen beginnt: S-Klasse Limousinen der Baureihe 116, um 1975

Mercedes-Benz 250 SE bei der Schiffsverladung im Hamburger Hafen, 1966

Mercedes-Benz 300 SL Roadster bei der Verladung in ein Frachtflugzeug der Pan American World Airways, 1961

Verbesserungs-vorschlag

→ »Ideenmanagement«, »Patente«

Verladung

Übers Wasser, durch die Luft und auf dem Landweg erreicht ein neuer Mercedes-Benz seine Besitzer. Fahrzeuge aus dem Werk treten seit jeher von Sindelfingen aus ihre Reise in die ganze Welt an, ein großer Teil davon auf der Schiene. Zur Verladung der Fahrzeuge fahren die Züge direkt ins Werk. Es dauert durchschnittlich nur eine Stunde von der Fertigstellung eines Fahrzeugs in der Montage bis zu seiner Verladung.

→ »Zoll«

Vernetztes Fahrzeug

Autos, die miteinander und mit ihrer Umgebung sprechen? Nicht mehr unmöglich – die Entwicklerinnen und Entwickler haben es den Fahrzeugen beigebracht. Das vernetzte Fahrzeug kommuniziert mit seiner Umgebung und mit anderen Fahrzeugen. Mercedes-Benz bringt diese sogenannte Car-to-X Technologie 2013 als erster Automobilhersteller auf die Straße. Damit erkennt das Fahrzeug frühzeitig und umfassend mögliche Gefahren und wird zum mitdenkenden Partner. Die gelieferten Daten können auch von Fahrerassistenzsystemen genutzt werden. Die Car-to-X Technologie erhöht nicht nur Komfort und Sicherheit, sondern sorgt auch für eine effizientere Mobilität. Die Technologie sammelt Informationen aus den vernetzten Fahrzeugen und kann diese dann Anlagen zur Verbesserung des Verkehrsflusses zur Verfügung stellen. So lassen sich beispielsweise Ampelschaltungen optimieren – und damit der Verkehrsfluss.

→ »Forschung und Entwicklung«, »Intelligentes Fahren«, »Telematik«

Vögel

→ »Biotop«

Hochspannung in der Ausbildung: Schon die Azubis erlernen den Umgang mit Hochvolttechnologie, 2013

Volt

Im Verhältnis zur Spannung des Bordnetzes eines konventionell angetriebenen Pkw von zwölf bis 42 Volt sind bereits die ca. 220 Volt einer Steckdose im Haushalt »Hochspannung«. Fahrzeuge mit alternativen Antrieben arbeiten mit Lithium-Ionen-Batterien und/oder Brennstoffzellen, die Spannungen von bis zu 450 Volt liefern. Für den Umgang mit derart hohen Spannungen wurde eine neue Kompetenz im Umgang mit der Elektrizität in Fahrzeugen aufgebaut. Die entsprechenden Mitarbeiterinnen und Mitarbeiter durchlaufen bei ihrer mehrstufigen Ausbildung zur Fachkraft für Hochvoltsysteme im Kraftfahrzeug verschiedene Lehrgänge und erwerben einen zertifizierten Abschluss.

→ »Batterie«, »Hybrid«

Weltweiter Produktionsverbund

→ »A-Team«, »CKD-Werke«, »Zielwerker«

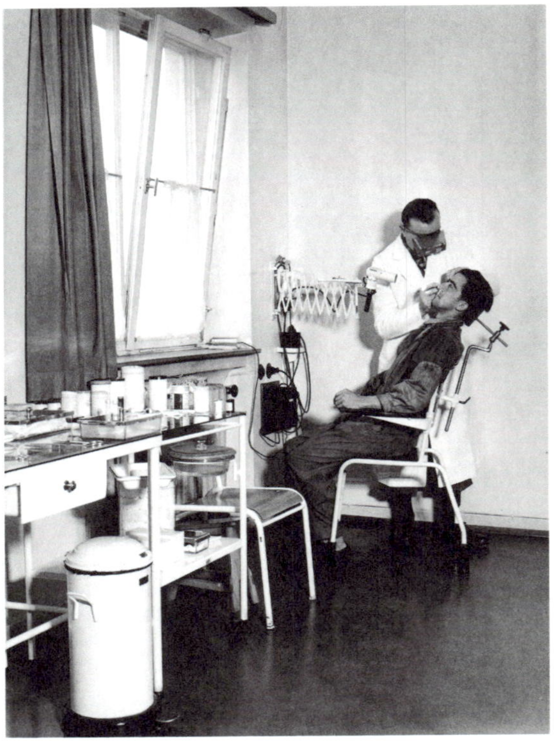

Augenärztliche Untersuchung eines Mitarbeiters, 1956

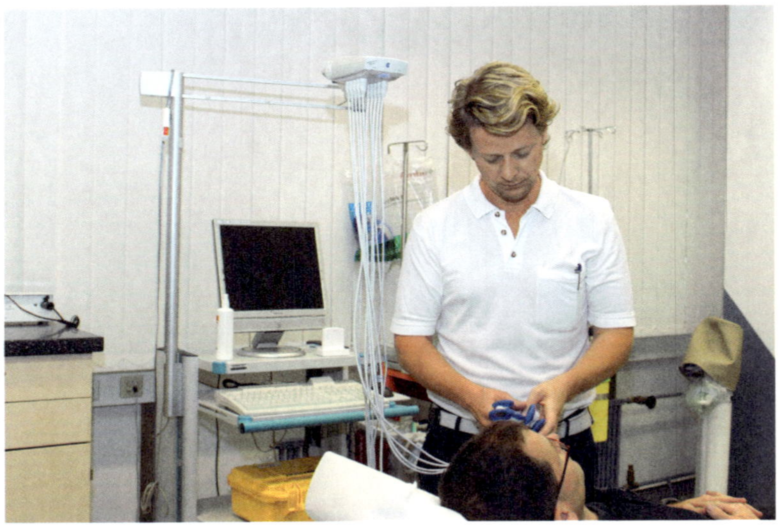

Der Werksärztliche Dienst im Gebäude 28 kümmert sich unter anderem um akute Beschwerden von Mitarbeitern, 2013

Werksärztlicher Dienst

Der Name ist reines Understatement. Bei genauer Betrachtung zeigt sich der Werksärztliche Dienst als kleine Klinik zur ambulanten Versorgung der Werkangehörigen. Für die optimale medizinische Versorgung aller (Not-)Fälle sorgen rund 50 Mitarbeiterinnen und Mitarbeiter, darunter 14 Ärzte unterschiedlicher Fachrichtungen. Zur umfangreichen Ausstattung gehören auch zwei Rettungswagen.

Werkfahrräder

Die Werkfahrräder sind ein ideales Verkehrsmittel auf dem Werkgelände, auch um in den weitläufigen Produktionshallen zügig voranzukommen. Sie sind leuchtend gelb und haben ein »Nummernschild«, das mit einer Kombination von Zahlen und Kürzeln verrät, wo das jeweilige Fahrrad hingehört. Es gibt Damen-, Herren- und Lastenfahrräder, am Standort insgesamt 2 600 Stück. Die meisten Fahrräder werden gemeinschaftlich genutzt.

→ »Werkgelände«

Einige der typisch gelben Werkfahrräder, 2014

Werkfeuerwehr, 1922

»Feuerverhütungswochen«, 1966

Werkfeuerwehr

Mit einer Mannschaft von zwölf Feuerwehrleuten, einer Handdruckspritze, einem Hydrantenwagen und einem Schlauch- und Leiterwagen fängt schon 1916 alles an. 1920 erhält die Werkfeuerwehr ein erstes Löschfahrzeug, und 1937 kann die Feuerwache in Gebäude 3 bezogen werden. Bis zum heutigen Tage sind sowohl die Mannschaftsstärke als auch die Aufgaben gewachsen. Die Werkfeuerwehr ist nicht nur rund um die Uhr zur Stelle, wenn es brennt oder etwa eine Überschwemmung aufgetreten ist. Die Feuerwehrleute sorgen auch für den vorbeugenden Brandschutz und fahren die Notfalleinsätze mit dem Werksärztlichen Dienst.

→ »Sindelfinger Geist«

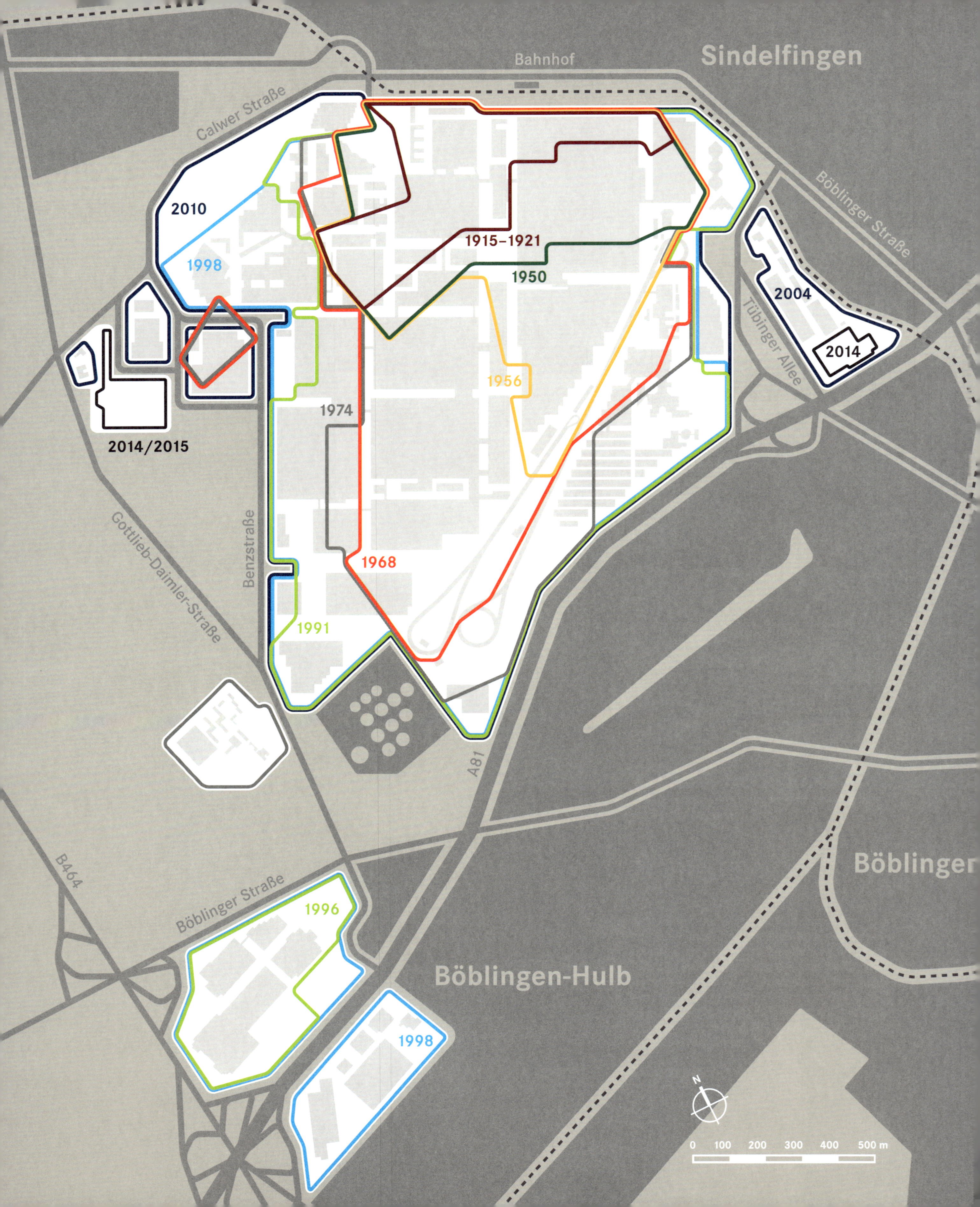

Sindelfingen
Bahnhof
Calwer Straße
2010
1998
1915–1921
1950
1956
1974
1968
1991
2004
2014
Böblinger Straße
Tübinger Allee
2014/2015
Benzstraße
Gottlieb-Daimler-Straße
A81
B464
Böblinger Straße
1996
1998
Böblingen-Hulb
Böblingen
N
0 100 200 300 400 500 m

Werkgelände

100 Jahre nach Gründung des Werks nimmt das Gelände eine Fläche von rund 300 Hektar ein und ist damit größer als die Staatsfläche von Monaco. Der Ansiedlungsvertrag von 1915 regelt den Kauf von 38 Hektar. Bis 1921 werden zügig weitere Flächen dazu erworben, anschließend erweitert sich bis Mitte der 1950er Jahre die Größe des Grundbesitzes nicht wesentlich. Mitte der 1960er Jahre beginnt eine Phase der weiteren Ausdehnung mit den Neubauten der Gebäude 32, 34 (Lackierwerk) und 36 (Montagehalle). In den 1990er Jahren wird das Gelände in Böblingen-Hulb erworben und bebaut. Im Nordwesten des Areals entstehen mit dem Mercedes-Benz Technology Center (MTC) (1997/98) und dessen Erweiterung am Mittelpfad (2009/10) markante Neubauten. Mit dem Neubau auf dem Gelände an der Tübinger Allee 2014 verändert das Werk sich auf der östlichen Seite.

→ »Ansiedlungsvertrag«, »Daimler-Nord«, »Riedmühlestraße«

Grundstückserwerb 1915 und zügige Erweiterung bis 1921, danach nur wenig Vergrößerung bis 1950. Ab Mitte der 1950er Jahre Ausdehnung nach Süden und nach Westen. Ende der 1960er Jahre Errichtung der »Gastarbeiter«-Unterkunft »Benzwiese«. Das Wohnheim »Niederer Wasen« ist 1974 bezugsfertig. Zukauf der Gelände in Böblingen-Hulb in den 1990er Jahren und 1997/98 Fertigstellung des Mercedes-Benz Technology Center. 2004 Erwerb des Geländes an der Tübinger Allee sowie 2009/10 Erweiterungen am »Mittelpfad«. 2014/15 Neubauten an der Tübinger Allee für den Betriebsmittelbereich und im Areal »Schoß« für das Technologiezentrum Fahrzeugsicherheit.

Wohnstätten

Die Stadt Sindelfingen hat im Gründungsjahr des Werks rund 4 600 Einwohner. Für das neue Werk der Daimler-Motoren-Gesellschaft (DMG) sind 800 bis 1 000 Mitarbeiterinnen und Mitarbeiter eingeplant. Um Wohnraum zu schaffen, wird bereits 1915 der Wohnungsbauverein Sindelfingen GmbH als Gemeinschaftsprojekt der Stadt und des Unternehmens angedacht, aber vorerst nicht realisiert. Nach der Fusion mit Benz & Cie und der Verlagerung der Produktion von Omnibusaufbauten nach Sindelfingen im Juni 1926 steigt die Belegschaft 1927 auf 2 000 Mitarbeiter an. Am 20. Mai 1927 wird schließlich die Sindelfinger Wohnstätten GmbH gegründet, an der die Stadt zu 60 Prozent und Daimler-Benz zu 40 Prozent beteiligt ist. Der Bau der Zimmerplatzsiedlung zwischen Maichinger Straße und Rosenstraße ist 1927 ihr erstes Projekt. In Sindelfingen und Umgebung baut die Wohnstätten GmbH bis heute rund 6 500 Wohneinheiten. 2008 übernimmt die Stadt die Gesellschaftsanteile der Daimler AG.

→ »Omnibusbau«

Bauten der Sindelfinger Wohnstätten GmbH im Luftbild, um 1960

Werksirene

→ »Hupe«

Werkstoffe

→ »Coil«, »Leichtbau«, »Materialforschung«

Wertstoffe

→ »Recycling«

Trend in den 1970er Jahren: Grün und Gelb. Hier eine Limousine der Baureihe 123 in Mimosengelb – einem von 30 Farbtönen, die 1976 zur Wahl standen.

X Farben

Wenn X ein Platzhalter für eine unendliche Zahl ist, dann passt diese Angabe zur Vielfalt der Farbtöne, die im Werk Sindelfingen lackiert werden können. Bei den Farben gibt es jedoch klare Favoriten: Aktuell werden ca. 85 Prozent aller Fahrzeuge in den sieben beliebtesten Farben lackiert. Bei der Hitliste der beliebtesten Lackfarben hatte die Mode der Zeit schon immer Einfluss: In den 1970er Jahren waren Grün und Gelb zeitweise auf dem ersten Platz, heute liegen Schwarz, Silber und Weiß ganz vorne.

→ »Glockenteller«, »Molchschiebezylinderzielbahnhof«

Xenonlicht

Xenonlicht ist eine der zahlreichen Innovationen und Weltpremieren in Sachen Lichtsysteme, die der Entwicklungsbereich in Sindelfingen auf den Weg gebracht hat. 1995 ist das innovative Licht erstmals in der E-Klasse erhältlich. Xenonlicht ist trotz geringerer Leistungsaufnahme deutlich heller als Halogenlicht. Seit 1999 gibt es auch Xenon-Fernlicht in den sogenannten Bi-Xenon-Scheinwerfern, die zunächst in der CL-Klasse eingeführt wurden. Innovationen in puncto Licht kommen unmittelbar der Verkehrssicherheit und der Energieeffizienz zugute, so auch mit der aktuellsten Lichttechnik LED. Die futuristischen ACTIVE MULTIBEAM LED-Scheinwerfer, für die CLS-Klasse 2014 erstmals erhältlich, leuchten jede Verkehrssituation automatisch und blitzschnell bestmöglich aus.

→ »Forschung und Entwicklung«

S-Klasse der Baureihe 126

Auf dem Weg vom Youngtimer zum Klassiker:
ein SL der Baureihe 107

Youngtimer

Nur weil er schon Jahrzehnte auf dem Buckel hat, gehört ein Mercedes-Benz noch lange nicht zum alten Eisen. Die meisten Modellreihen werden Klassiker. Bevor sie im Alter von 30 Jahren offiziell zu Oldtimern werden, sind sie 15 Jahre lang Youngtimer. Zur Zeit als Youngtimer begehrt sind beispielsweise die Baureihen 107 (SL und SLC), 116, 126 und 140 (S-Klasse), 123, 124 und 210 (E-Klasse) sowie 201 (»Baby Benz«, C-Klasse Vorgänger).

→ »Baby-Benz«

Zeitung

Mitarbeiterzeitungen haben in Sindelfingen eine lange Tradition: Schon 1919 erscheinen erstmals die »Daimler-Werksnachrichten«. Die Zeitung wird weiterentwickelt, der Name verändert, aber die Zielsetzung bleibt: Alle Beschäftigten können sich über Neues aus dem Unternehmen und dem Standort informieren. Ab 1983 versorgt »aus dem werk« die Mitarbeiterinnen und Mitarbeiter mit Informationen, ab 2000 das »Sifi-Magazin«. Heute liefert die »Daimler INSIDE« Hintergründe zu Produkten, Technologien und Personalthemen. Darüber hinaus spielt die Online-Kommunikation eine wichtige Rolle, beispielsweise über das Daimler-Intranet. Neben tagesaktuellen Informationen bietet dieses eine Plattform für den Austausch zwischen den Mitarbeiterinnen und Mitarbeitern.

aus dem werk Information für die Mitarbeiter des Werkes Sindelfingen 1/83

Neueste Technik in der Abluftreinigung

Mit modernster Technik wird im Werk Sindelfingen für die Reinigung der Trockner-Abluft aus Lackieranlagen gesorgt und damit neben einer Vielzahl verschiedener Maßnahmen ein weiterer Beitrag zur Reinhaltung der Luft geleistet. Untersuchungen zur optimalen Trocknerabluft-Reinigung begannen bereits Mitte der 70er Jahre durch die Verfahrensentwicklung-Oberflächentechnik (VOT). Dabei hat sich herausgestellt, daß das für das Werk Sindelfingen am besten geeignete Verfahren die sogenannte Aktivkohle-Adsorptionstechnik ist. (Die Adsorption ist die Bindung eines gasförmigen Stoffes an der Oberfläche eines Feststoffes. Die Absorption ist die Aufnahme und Auflösung von Gasen in flüssigen, manchmal auch festen Stoffen.)
Was ist die Aktivkohle-Adsorptionstechnik? Dazu ein paar Erklärungen aus der Chemie: Kohlenstoff in poröser Form besitzt die Eigenschaft, solche Stoffe, die in der Luft dampfförmig verteilt sind – z. B. Lösungsmittel, wie sie in der Lackierung verwendet werden –, an sich zu binden, d. h. zu adsorbieren, wie die Fachleute sagen. Die Lösemittel werden dabei an der Oberfläche der labyrinthartigen Poren dieser Aktivkohle angelagert. Somit ist die Luft gereinigt und kann ins Freie abgeleitet werden.
Nach einiger Zeit ist die Aufnahmefähigkeit der Kohle erschöpft und die aufgenommenen Lösungsmittel müssen wieder von ihr getrennt werden. Dies geschieht folgendermaßen: Mit etwa 1[illegible] Grad Celsius heißem Dampf aus dem Heizkraftwerk wird die Kohle erhitzt, wobei die Lösemittel verdampfen. Das jetzt entstandene Gemisch aus Wasserdampf und Lösemittel wird einem Kondensator zugeführt und dort vom dampfförmigen in den flüssigen Zustand umgewandelt. Da die Lösemittel leichter sind als Wasser, schwimmen sie obenauf und können als relativ reiner Stoff zurückgewonnen werden. Das auf diese Weise erhaltene Lösemittel-„Desorbat" wird an Fachfirmen zur Weiterverwertung abgegeben.
Mittlerweile wird bereits mehr als die Hälfte der Abluft aller Lackiertrockner über solche Aktivkohle-Reinigungsanlagen, die in den Gebäuden 3/3, 3/7, 44 und 46 in Betrieb sind, ins Freie geführt. Als nächstes ist die Errichtung einer gemeinsamen Reinigungsanlage im künftigen Gebäude 34/III für sämtliche Lackiertrockner der Gebäude 32, 34 I und 34 II vorgesehen. Dann kann sogar die gesamte Trockner-Abluft gereinigt werden: 250 000 Kubikmeter in der Stunde – das entspricht dem Volumen eines Gebäudes von 200 m Länge, 100 m Breite und 12,5 m Höhe.
Damit wurde und wird ein weiterer Schritt zur Reinhaltung der Luft getan, was im übrigen ein weiteres Beispiel für hochmoderne Technik im Dienste des Umweltschutzes ist, die freilich auch ihren Preis hat. *sz*

Norbert Bruder von der Anlagenführung-Oberflächentechnik (Allgemeine Betriebe) kontrolliert als Anlagenwärter die derzeit vier größten Adsorber mit je ca. 9 t Kohlekörnchen. Über 20 000 m³ Lackiertrockner-Abluft können pro Stunde von einem Adsorber gereinigt werden.

Sozialberatung in neuen Räumen

Vor einiger Zeit ist die Sozialberatung (Tel. 21 50), die früher in Bau 28 beim Werksärztlichen Dienst untergebracht war, in den Bau 7/4 (Westseite, Zwischengeschoß) umgezogen. Damit befindet sie sich in unmittelbarer Nachbarschaft zum Betrieblichen Vorschlagswesen, zum Rohbau/Verputzband und Preßwerk II. (Siehe grüner Punkt auf unserem Werksplan.) *sz*

Titelseite der Erstausgabe »aus dem werk«, 1983

Daimler INSIDE
Das Magazin für Mitarbeiterinnen und Mitarbeiter der Daimler AG

Werk Sindelfingen

Anlauf S-Klasse

Das Logistik-Team und die Montage-Mannschaft stellten die Halle 46 in kürzester Zeit auf die neue Baureihe um.

Die neue S-Klasse
Gesichter, Technik und Innovationen

Fahrdynamik neu definiert
Topstars: SLS AMG Coupé Black Series und SLS AMG Coupé Electric Drive
→ Seite 49

Daimler ist überall
Marken und Markenzeichen weltweit: Die besten Fotos der Mitarbeiterinnen und Mitarbeiter.
→ S. 40

#03.13

Titelseite der »Daimler INSIDE«, 2013

Zielwerker

Zielwerker sind Mitarbeiterinnen und Mitarbeiter aus anderen Werken, die während der Anlaufphase neuer Fahrzeuge in der Anlauffabrik qualifiziert werden. Nach dieser Trainingsphase kehren sie zurück in ihr Zielwerk und geben dort ihr Wissen an die Kollegen weiter. 2013 wurden beispielsweise über 100 chinesische Kolleginnen und Kollegen als Trainees in Sindelfingen für den Serienstart einer Variante der C-Klasse in Peking ausgebildet.

→ »Anlauf«, »CKD-Werke«

Zoll

Zur umfassenden Infrastruktur am Standort Sindelfingen gehören nicht nur ein Kraftwerk, 14 Ärztinnen und Ärzte und ein Optiker, sondern auch die werkeigene Zollabfertigung.
Jeden Tag werden zahlreiche Waren zur Produktionsversorgung eingeführt und neue Fahrzeuge verlassen das Werk. Wenn Nicht-EU-Länder Ziel- oder Herkunftsländer sind, müssen alle diese Fahrzeuge verzollt werden. Damit keine Verzögerungen entstehen, ist das Werk berechtigt, die Verzollung anstelle einer Abfertigung im Zollamt Böblingen eigenständig durchzuführen. Die perfekte Logistik in Sachen Zollabfertigung steuert das Team LOZ Sindelfingen (Leitstelle operative Zollabwicklung) im Gebäude 40/4.

→ »Verladung«

Wohnlager Böblinger Allee für »Ostarbeiter«, um 1944

Wohnlager Riedmühle für »Westarbeiter«, um 1944

Zwangsarbeiter

Zur Zwangsarbeit werden im Zweiten Weltkrieg ausländische Zivilisten und Kriegsgefangene herangezogen, die das NS-Regime entrechtet hat und die unter unmenschlichen Arbeitsbedingungen leiden. 1942 wird das Lager »Riedmühle« für rund 1 000 »Westarbeiter« aus den Niederlanden, Frankreich und Belgien gebaut. Die »Ostarbeiter« stammen aus Osteuropa, sie werden im Lager Böblinger Allee untergebracht.
Die Anzahl der Zwangsarbeiter erreicht 1943 ihren Höhepunkt mit 2 159 zivilen Zwangsarbeitern, davon knapp die Hälfte Frauen, und 415 Kriegsgefangenen. Das entspricht einem Anteil von 37 Prozent an der Gesamtbelegschaft.
Anfang der 1980er Jahre hat Daimler als eines der ersten Unternehmen unabhängigen Historikern den Auftrag zur Erforschung der Zeit des Nationalsozialismus erteilt.
Der Konzern hat sich intensiv mit der eigenen Geschichte während des Nationalsozialismus beschäftigt und die historische und moralische Verantwortung für die Zwangsarbeit in seinen Betrieben übernommen.

→ »Lämmerbuckel«

Menschenwerk

1918
Herstellung von Propellernaben

1928
Fertigung von Personenwagenkarosserien

1940
Zahlreiche Frauen arbeiten in der Produktion.

fadork

Von den Meistern lernen

2014
In den Ausbildungswerkstätten erlernen die Auszubildenden die grundlegenden Fertigkeiten und arbeiten an eigenen Projekten. Ausbildungsmeister Francesco Frasca mit den Kfz-Mechatroniker-Azubis Patrick Klys, Clara Schmid und Maurice Neugebauer

Die Auszubildenden arbeiten an der »gläsernen S-Klasse«, um technische Bauteile für das Ausstellungsfahrzeug sichtbar zu machen.

Am Anfang ist das Fahrzeug noch ganz geheim. Das macht die Auszubildenden natürlich neugierig. Der Entwicklungsbereich hat eine »gläserne S-Klasse« in Auftrag gegeben und zwar zu einem Zeitpunkt, als das neue Modell noch nicht der Öffentlichkeit vorgestellt war. Die Azubis fertigen also aus einer S-Klasse ein Ausstellungsfahrzeug, das so geschnitten und durchsichtig ist, dass man unzählige technische Bauteile von außen betrachten kann. Die gläserne S-Klasse entsteht im Teamwork zahlreicher Ausbildungsberufe: Kfz-Mechatroniker, Technische Modellbauer, Fahrzeuginnenausstatter, Konstruktionsmechaniker, Verfahrensmechaniker für Beschichtungstechnik und Werkzeugmechaniker. Maurice Neugebauer, Kfz-Mechatroniker im zweiten Ausbildungsjahr, beschreibt, wie die Schaltbox für eine externe Steuerung entsteht: »Die Technischen Modellbauer sind verantwortlich für den Bau der Box, die Fahrzeuginnenausstatter für die Belederung des Gehäuses und wir kümmern uns um die Steuerung.« Natürlich ist er stolz darauf, als die gläserne S-Klasse bei einem internationalen Fachkongress zum Publikumsmagneten wird.

Theorie und Praxis eng zu verknüpfen ist hier perfekt gelungen. Anhand von Projekten und Technologiebausteinen lernen die Auszubildenden die theoretischen Grundlagen des jeweiligen Fachgebiets. In ihren Einsätzen im Betrieb und in der Azubifirma vertiefen sie das Gelernte in der Praxis.

»Natürlich müssen unsere Azubis die neuesten Technologien kennenlernen«, betont Ausbildungsmeister Francesco Frasca. Angesichts des rapiden technischen Wandels ist dies eine anspruchsvolle Aufgabe. Patrick Klys, Kfz-Mechatroniker im dritten Ausbildungsjahr, schildert seinen Einsatz in der Montage E-Klasse: »Nach einem Tag zuschauen bei der Spureinstellung und -kontrolle durfte ich gleich selbst mit anpacken.« Jeder Azubi ist einem erfahrenen Mitarbeiter zugeordnet, der genau erklärt, »wie man's macht«.

Clara Schmid, Kfz-Mechatronikerin im zweiten Ausbildungsjahr: »Ich bin gespannt darauf, die Produktion kennenzulernen.« Einige Auszubildende sind dabei nicht nur in Sindelfingen unterwegs. Im Rahmen von Austauschprogrammen entdecken sie auch internationale Standorte wie beispielsweise Ungarn.

Doch neben Fachwissen und praktischem Können spielt auch die Entwicklung von Persönlichkeit und Sozialkompetenz eine wichtige Rolle. Francesco Frasca erklärt: »Für das Berufsleben sind Eigeninitiative, Problemlöse- und Kommunikationsfähigkeit genauso wichtig.« Diese Fähigkeiten trainiert der Sindelfinger Nachwuchs in speziellen Ausbildungseinheiten wie dem Sozialprojekt: Alle Azubis im zweiten Ausbildungsjahr engagieren sich eine Woche lang in Projekten in der Region, zum Beispiel bei der Renovierung eines Kita-Spielplatzes oder bei der Zusammenarbeit mit Menschen mit Behinderung.

Begeisterung fürs Auto und den Wunsch, »beim Daimler« zu arbeiten, bringen sie alle mit: die Auszubildenden bei Mercedes-Benz in Sindelfingen. Hier haben sie die Wahl zwischen 13 technischen und kaufmännischen Ausbildungsberufen.

Sozialprojekt der Kfz-Mechatroniker im zweiten Lehrjahr: 24 Auszubildende packen auf der Jugendfarm Sindolino in Sindelfingen mit an unc errichten einen Zaun.

Mercedes-Benz

2014
Diese Roboter fügen im Rohbau in Gebäude 15 vollautomatisch den Unterbau der S-Klasse zusammen. Im Betriebseinsatz lernen künftige Mechatroniker wie der Auszubildende Jannik Winkle unter der Anleitung von Fachausbilder Miroslaw Jasionek die Aufgaben der Instandhalter kennen.

1950
Zusammenbau von Dach und Hinterpartie des Mercedes-Benz 170 S

1950
Kontrolle von Kombi-Instrumenten

Band 5
Rauchen verboten!
Band 6

1951
Fertigstellen des Mercedes-Benz 220

1958
190 SL (vorn) und 300 SL Roadster auf dem Finishband

Von der Idee bis zur Serie

2014
Im Bereich End-of-Line in Gebäude 46 treffen sich Jürgen Meyer (Projektleiter Entwicklung), Jürgen Vetter (Projektleiter Werk) und Steffen Krämer (Projektleiter Anlauffabrik) (v. l. n. r). In der Phase vor dem Serienanlauf der neuen Baureihe der S-Klasse fanden hier in der Montage häufige Abstimmungen zum aktuellen Projektstatus statt.

Das gibt es nur am Standort Sindelfingen: Die kurzen Wege zwischen Entwicklung, Planung und Fahrzeugproduktion ermöglichen den Kolleginnen und Kollegen den schnellen persönlichen Austausch.

Es ist 13 Uhr. In der Montage S-Klasse treffen sich die drei Projektleiter aus den verschiedenen Bereichen zur vierten Besprechung an diesem Tag – das Mittagessen nicht mitgezählt. Weitere werden folgen. Was ist passiert? Nichts ist passiert – so sehen ganz normale Arbeitstage im Anlauf der Baureihe 222, der neuen S-Klasse, aus. Vor dem Serienanlauf kommt eine Phase der besonders engen Zusammenarbeit für Jürgen Meyer (Projektleiter Entwicklung), Steffen Krämer (Projektleiter Anlauffabrik) und Jürgen Vetter (Projektleiter Werk). Jetzt müssen die Optimierungen auch im kleinsten Arbeitsschritt in der Montage abgestimmt werden und perfekt funktionieren, damit die Serienfertigung dann reibungslos klappt – und zwar über die gesamte Produktionszeit des Fahrzeugs. Jedes Detail muss dazu geprüft werden. Die Lösung finden die drei Projektleiter sowie die beteiligten Mitarbeiterinnen und Mitarbeiter am schnellsten gemeinsam vor Ort in der Produktion am Band.

Ein kleines Beispiel: Die völlig neu gestalteten Heckleuchten der S-Klasse sind komplett von Karosserie und Stoßfänger eingefasst. Hier gibt es einen sogenannten »Stoßzahn«, einen Ausläufer des Stoßfängers, der sich zwischen Heckdeckel und Heckleuchte nach oben schiebt. Er wird von oben durch die Seitenwand, das größte Bauteil der Karosserie, aufgenommen. »Die Montage erwies sich als ausgesprochen anspruchsvoll. Unser Anspruch als Ingenieure ist, dass jedes Teil auf Anhieb perfekt sitzt«, erläutert Jürgen Vetter. Der Reifegrad für die Serienfertigung muss sichergestellt werden. Die Messlatte hängt also hoch.

Zahlreiche mögliche Ursachen für Abweichungen werden geprüft: die Einhaltung der Toleranzen jedes beteiligten Bauteils von Zehntelmillimetern, die sich aufsummieren könnten, die Reihenfolge der Verschraubungen, die Drehmomente und vieles mehr. Die Komplexität ist enorm: »Leider ist meistens nicht eine einzelne Schraube schuld, sondern ein Zusammenspiel vieler einzelner Faktoren.«

Die enge Zusammenarbeit der Projektteams aus Entwicklung, Produktionsplanung und Montage beginnt bereits in der Strategiephase, wenn das neue Fahrzeug nur auf dem Bildschirm existiert. Die nächste Etappe ist der Bau der Prototypen in der sogenannten Anlauffabrik: »Hier sichern wir die Baubarkeit von neuen Modellreihen mit möglichst vielen ihrer Varianten ab – das ist die Kunst«, führt Steffen Krämer aus. In der Anlauffabrik werden in Spitzenzeiten bis zu 120 Mitarbeiterinnen und Mitarbeiter aus der Montage qualifiziert und arbeiten sich in die Arbeitsschritte der neuen Baureihe ein.

»Die Vernetzung unter den Bereichen wird immer wichtiger, weil wir neue Modelle natürlich möglichst schnell und mit höchster Qualität dem Markt anbieten wollen« ergänzt Jürgen Meyer. Die Kunden sollen schließlich einen perfekten Mercedes bekommen – das ist das gemeinsame Ziel.

Mitarbeiter beim Verlegen von Kabeln in der S-Klasse

Auf die Wände des würfelförmigen Raumes, der sogenannten »Cave«, wird der Fahrzeuginnenraum virtuell projiziert. Lediglich Sitz, Lenkrad und Pedale sind real vorhanden. Hier beurteilen Mitarbeiter die Ergonomie der S-Klasse – ein wichtiger Schritt in der Fahrzeugentwicklung.

2014
Diese Roboter sind Handlingsgeräte, deren Bewegungen in der Versuchshalle für Mensch-Roboter-Kooperationen in Gebäude 40 ausgearbeitet und optimiert werden. Lissy Brückner, Ingenieurin aus der Verfahrensentwicklung, ist verantwortlich für diese Versuchsanlage. Damit solche Verfahren dann in der Serie eingesetzt werden können, ist eine enge Abstimmung mit den Kolleginnen und Kollegen aus der Planung und Produktion wichtig, wie mit Hans-Jörg Jurenka (links) und Pascal Titze (Mitte).

Not-Halt

1958
Beim Lötzinnschleifen mit Gesichtsgesundheitsmaske

1960
Arbeit in der Näherei an einer Spezial-Nähmaschine

1962
Blick in die Lehrlingsabteilung

Safety First!

2014
Auch ein Dummy hat seinen eigenen Charakter – nur »rein rechnerisch« sind alle absolut gleich. Ein Versuchsmechaniker wie Martin Blaich kennt sie ganz genau und wählt den passenden Dummy für die von den Ingenieuren geplanten Tests aus, bevor er ihn im Fahrzeug positioniert und an die Messgeräte anschließt.

Fahrzeugsicherheit ist eines der wichtigsten Anliegen der Mercedes-Benz Ingenieure. Das Mercedes-Benz Technology Center in Sindelfingen ist der zentrale Ort, an dem sie die Sicherheitsinnovationen für Mercedes-Benz Pkw erforschen und entwickeln.

An seinem Arbeitsplatz steht Versuchsmechaniker Martin Blaich zwischen mehr als hundert Dummies. »Wir bereiten hier im Dummy-Labor die Crashversuche mit vor und sind dafür verantwortlich, dass zum Testtermin die richtigen Puppen mit den richtigen Sensoren im richtigen Fahrzeug sitzen«, erklärt er. Kaum ein Dummy gleicht dem anderen: Wie bei echten Fahrzeuginsassen gibt es hier Männer, Frauen und Kinder von unterschiedlicher Statur. Das reale Unfallgeschehen wird etwa 500 Mal pro Jahr in Sindelfingen unter standardisierten und wiederholbaren Versuchsbedingungen nachgestellt. Beim Unfall erfassen dann die am gesamten Körper der Puppe angebrachten Sensoren genau, was mit dem Insassen passiert. »Einer der wichtigsten Punkte beim Crashversuch ist natürlich, wie sich das dargestellte Unfallszenario auf den Menschen im Fahrzeug auswirkt. Daher ist es genauso wichtig, die Daten aus den Dummies zu betrachten wie die Verformungen an der Karosserie«, betont Martin Blaich.

Crashversuche haben eine lange Tradition bei Mercedes-Benz, sind aber nur ein Teil der Sicherheitsforschung. Im Jahr 1966 begannen die Sicherheitsexperten Béla Barényi und Hans Scherenberg Passive und Aktive Sicherheit zu unterscheiden. Ingenieure der Passiven Sicherheit wie Bernhard Holzapfel arbeiten daran, Verletzungen im Falle eines Unfalls zu verringern oder ganz zu verhindern. Seine Kolleginnen und Kollegen aus der Aktiven Sicherheit arbeiten an den Systemen im Fahrzeug, die schon vor dem Unfall eingreifen, um ihn zu verhindern oder zumindest abzuschwächen. Und auch diese Systeme müssen entwickelt und erprobt werden.

Jochen Haab, Ingenieur im Bereich der Aktiven Sicherheit, verbringt dafür mit seinen Kollegen viele Stunden auf dem Außentestgelände im Sindelfinger MTC. Um zum Beispiel das Notbremssystem PRE-SAFE Bremse zu testen, fährt Jochen Haab hinter dem sogenannten Balloon Car her. Das Radarsystem sorgt dafür, dass sein Fahrzeug durch Kollisionswarnung, situationsadaptive Bremsunterstützung oder sogar durch eine autonome Bremsung einen Auffahrunfall vermeiden helfen bzw. dessen Schwere mindern kann. Die weiche Außenhaut des Balloon-Cars reflektiert die Radarstrahlen wie ein reales Fahrzeug. Damit können auch im Grenzbereich Versuche ohne Blechschäden durchgeführt werden.

Egal ob Aktive oder Passive Sicherheit: In beiden Gebieten entwickeln die Ingenieurinnen und Ingenieure Innovationen, die das Fahren heute und in Zukunft noch sicherer machen.

Auf dem Testgelände: Notbremsversuch eines Versuchsfahrzeugs mit PRE-SAFE Bremse bei einem Fußgänger

Auf dem Testgelände: Notbremsversuch eines Versuchsfahrzeugs mit PRE-SAFE Bremse beim Auffahren auf ein langsam vorausfahrendes Fahrzeug

2014
In der Crashhalle im Gebäude 16 steht der X 222, eine besonders exklusive lange Variante der S-Klasse, zum Seitenaufpralltest bereit. Mit diesem Versuchsaufbau werden Bernhard Holzapfel und sein Team einen Seitenaufprall mit einer 950 Kilogramm schweren Barriere bei 50 km/h durchführen – einen von rund 150 Crashtests, die die S-Klasse von Mercedes-Benz absolvieren muss.

2B

1964
Im Konstruktions-Zeichenraum

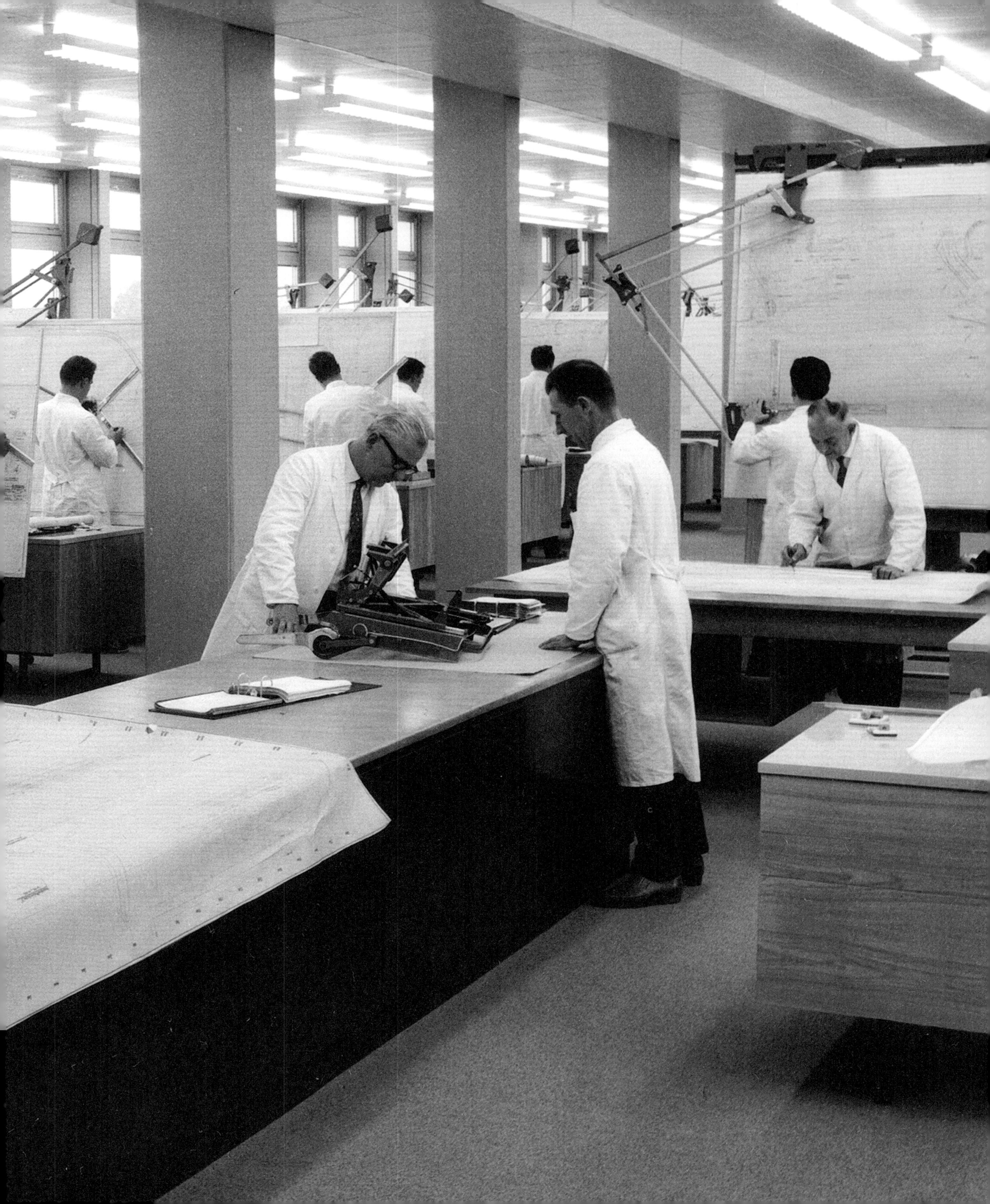

1966
Leitstand der Produktionssteuerung in der Montage

1966
Vorbereitung eines Crashtests, bei dem ein Mercedes-Benz der Baureihe W 108 mit einer Heißwasserrakete beschleunigt wird.

Die Zukunft ist der Alltag

2014
Auf der digitalen Powerwall können die Designer wie Sylvain Wehnert ihre Entwürfe – hier den Ener-G-Force – präsentieren und mit Kolleginnen und Kollegen diskutieren. Auch CAD-Modelle lassen sich virtuell aus allen Blickwinkeln betrachten. Die digitale Welt unterstützt auf diese Weise ideal, was mit Stift und Papier entstanden ist.

Sylvain Wehnert ist von Beruf Zeitreisender: Wer wie er im Advanced Design Studio arbeitet, muss täglich künftige Generationen und deren Mobilitätsbedürfnisse im Fokus haben. Denn das Advanced Design führt weit über den nächsten Serienentwurf hinaus. Hier werden die Mercedes-Benz Fahrzeuge der ferneren Zukunft vorbereitet. Dabei werden Formen entwickelt, die in 15 oder 20 Jahren aktuell sein werden. Heute zeigen sich diese beispielsweise als futuristische Concept Cars auf den Automobilmessen. Sylvain Wehnert entwarf unter anderem die Studie »Ener-G-Force«, ein Showcar, das einen Geländewagen mit Elementen der Ikone G-Klasse zeigt.

Im Arbeitsalltag ist für ihn kein Tag wie der andere. »Wie ich an einen Entwurf herangehe, hängt von der Aufgabenstellung ab«, erklärt Sylvain Wehnert. Manchmal geht es bei einer solchen Aufgabenstellung auch um die virtuelle Welt: So haben Sylvain Wehnert und seine Kolleginnen und Kollegen den Mercedes-Benz AMG Vision Gran Turismo entworfen, einen visionären Supersportwagen für das neue PlayStation 3 Rennspiel Gran Turismo 6. Der Designprozess, der zu den neuen Konzepten führt, läuft in den meisten Fällen gleich ab. Die ersten Ideen entwickeln die Designerinnen und Designer in der Zeichnung, entweder von Hand oder elektronisch auf dem Drawing Board. In den Teams herrscht eine »positive Konkurrenz«, beschreibt Sylvain Wehnert, »man unterstützt sich mit Austausch und Feedback.« Daimler Designchef Gorden Wagener wählt schließlich die besten Entwürfe aus. Diese werden dann von den Modelleuren in Zusammenarbeit mit den Designern in der Werkstatt gestaltet. Schon im frühen Entwurfsstadium legen die Designer Wert darauf, an einem dreidimensionalen Claymodell die Form beurteilen zu können, um sie weiter zu optimieren. Die ersten Modelle haben ein Viertel der Originalgröße des Fahrzeugs. Wenn die Entscheidung über die künftige Form gefallen ist, wird ein Modell in Originalgröße gebaut. Insgesamt dauert es rund drei bis vier Jahre von der ersten Skizze bis zum fertigen Serienfahrzeug.

»Wir Designer sind über eine sehr lange Phase an der Entwicklung neuer Fahrzeuge beteiligt, denn das Design ist ein Knotenpunkt vieler Disziplinen: Forschung, Engineering, Marketing bis hin zum Vertrieb«, erläutert Sylvain Wehnert. Es gilt, gemeinsam die beste Lösung zu finden. Wichtig für die Advanced Designer in Sindelfingen ist auch der Austausch mit den Kolleginnen und Kollegen der Designstudios in Como/Italien, in Carlsbad und Sunnyvale/Kalifornien und in Peking/China. »Am Ende muss ein intelligentes und emotionales Fahrzeug stehen, das klar als Mercedes erkennbar ist«, beschreibt Sylvain Wehnert die Herausforderung für die Designerinnen und Designer.

Und was macht ein Auto zu einer Designikone? »Wenn es da eine pauschale Antwort gäbe…«, überlegt Sylvain Wehnert. »Das richtige Design muss zur richtigen Zeit mit dem richtigen Lebensgefühl zusammenkommen. Es muss Emotionen in den Menschen wecken.«

Entwürfe wie hier für den Mercedes-Benz AMG Vision Gran Turismo werden im Team diskutiert – ein wichtiger Schritt im Designprozess.

Die Zukunft ist der Alltag im Design Center in Sindelfingen. Die Designer denken Jahre bis Jahrzehnte voraus, um eine Formensprache zu entwickeln, die die Kunden von morgen begeistert.

Der Mercedes-Benz AMG Vision Gran Turismo: Ein visionärer Supersportwagen für das neue PlayStation 3 Rennspiel Gran Turismo 6

2014
An der Try-Out-Presse werden die Entwürfe der Designer in Serienprodukte umgesetzt. Günter Heiß (rechts) aus dem Bereich Betriebsmittel sorgt mit seinem Team beispielsweise dafür, dass die tonnenschweren Werkzeuge serienreif werden. Dann werden sie an das Presswerk übergeben, wo Werkzeug-Instandhalter wie Florian King (links) den reibungslosen Einsatz sicherstellen.

27 J
BEPLA
SEITEN

1967
Endmontage der Baureihe W 110 (200 D/200/230) aus der Ahnenreihe der heutigen E-Klasse.

1970
Lederzuschnitt in Handarbeit

1971
Feier anlässlich des einmillionsten Diesel-Pkw der Nachkriegsproduktion

1971
Besprechung von Entwürfen zum 350 SL im Designbereich

Eine Stadt in der Stadt

2014
Angesichts der Mengen, die in den Küchen des Standortes jeden Tag verarbeitet werden, sind auch die Küchengeräte etwas größer. Rund 15 000 Essen gehen in den Sindelfinger Betriebsrestaurants täglich über die Theke. Ute Harr und Mafoday Cham sind mit anderen Kolleginnen und Kollegen im Gebäude 24 als Köche verantwortlich für die Zubereitung.

So viele Menschen und so viel Fläche wie in einer mittleren Stadt: der Standort Sindelfingen.

Wählt man am Mercedes-Benz Standort in Sindelfingen die 112, so erreicht man die Sicherheits-Leitstelle der Werkfeuerwehr. Die Feuerwehrleute sind jederzeit einsatzbereit und auf alles vorbereitet. Ob Brand oder Beringung der Wanderfalken an ihrem Nistplatz am Schornstein des Heizkraftwerks: Die Werkfeuerwehr ist rund um die Uhr im Dienst, für den vorbeugenden Brandschutz genauso wie für Notfalleinsätze mit dem Werksärztlichen Dienst.

Ein Notarzt-Team steht im Zwei-Schicht-Betrieb ständig bereit. Der Leitende Werksarzt Dr. med. Harald Hischer und seine Mitarbeiterin Dr. med. Natalie Walther versichern: »Wenn ein Mitarbeiter im Werk dringend ärztliche Hilfe braucht, ist die Akutversorgung aufgrund der kurzen Anfahrtszeit bereits in ungefähr fünf Minuten gewährleistet.« Probleme wie beispielsweise Herz-Kreislaufbeschwerden gehören zu den häufigeren Notfällen. Schwere Arbeitsunfälle sind glücklicherweise sehr selten. Der Werksärztliche Dienst ist ein etwa 50-köpfiges Team aus Frauen und Männern, die beispielsweise als Ärzte, Rettungsassistenten oder Sozialberater im Einsatz sind. Er bietet genauso Beratung zu reisemedizinischen Fragen wie bei der ergonomischen Gestaltung eines Arbeitsplatzes in der Produktion.

In Sachen gesunde Ernährung arbeitet der Werksärztliche Dienst eng mit der Daimler Gastronomie zusammen, wie zum Beispiel in der Kampagne »Gesund isst bunt« im Jahr 2014, an der auch die Daimler Betriebskrankenkasse beteiligt war. Die Gastronomie ist sehr beliebt: Im Durchschnitt kommen fast alle Beschäftigten einmal pro Tag in einem der elf Betriebsrestaurants und 15 Shops vorbei – das sind täglich rund 33 000 Kunden! Die Shops sind wie kleine Supermärkte: Von der Zeitschrift über frisch gepresste Säfte, warme Brezeln und Obstsalat bis hin zum Deo oder Duschgel reicht das breite Angebot.

Das werkeigene Heizkraftwerk ist so groß, dass es sogar einen Teil seiner Wärmeleistung an die Stadt Sindelfingen abgeben kann. Das Herzstück der Anlage ist eine Gasturbine. Sie übernimmt die Stromversorgung für 50 Prozent des Standortbedarfs. Von der Gasturbine aus rauscht ein mächtiger Abluftstrom mit 250 km/h und einer Temperatur von bis zu 850 Grad in den Abhitzekessel. Dort in den Wärmetauschern wird die Fernwärme für das Werk und Teile der Stadt erzeugt; fast die Hälfte der Wärmeenergie ist für die Trockner der Lackieranlagen bestimmt.

Das Heizkraftwerk ist übrigens auch der Ort, der den besten Blick aufs Werk bietet: Die rund 50 Kolleginnen und Kollegen aus dem Kraftwerk gelangen über 237 Stufen auf die Kaminbühne des Kesselhauses. Die Wanderfalken genießen die Aussicht vom Schornstein aus.

Der Werksärztliche Dienst ist im Notfall in etwa fünf Minuten vor Ort.

Das Heizkraftwerk verfügt seit 2013 über eine Gasturbine, die die Eigenstromerzeugung enorm steigert.

FEUERWEHR
46/1
ACTROS
BB WF 112

2014
Die zwei Wachabteilungen der Werkfeuerwehr unter der Leitung von Gerd Nädele (rechts) sind abwechselnd sieben Tage die Woche 24 Stunden in Bereitschaft. Im Notfall sind sie innerhalb von fünf Minuten am Einsatzort.

1974
Punktschweißen im Rohbau

1974
Mitarbeiter am Programmierplatz

1975
Überprüfung von elektronischen Bauteilen
im Elektroniklabor im Gebäude 15/3

Perlenkette nach Maß

2014
Aus vielen Zahlen auf ihren Monitoren lesen die Mitarbeiter der Steuerzentrale in Gebäude 34/4 heraus, wie die Produktion abläuft und wo sich jedes einzelne Fahrzeug befindet. Mike Schächinger (links), Dominic Dauner (rechts) und ihre Kollegen sorgen dafür, dass sich die richtigen Karossen an der richtigen Stelle in der Produktion befinden.

Exakt eingefädelt: die Karossen in der Perlenkette auf dem Weg in die Montage

Ein Raum, eine Handvoll Mitarbeiter, eine Vielzahl von PC-Mäusen auf den Schreibtischen und Tausende von Zahlen auf riesigen Bildschirmen: So sieht die Zentrale der Produktionssteuerung aus. Sie befindet sich passenderweise mitten im Werk zwischen den Produktionshallen, die Mitarbeiter arbeiten hier im Schichtbetrieb. Wenn Dominic Dauner die angeforderten Programme und Stückzahlen vom Vertrieb erhält, kann er mit der Produktionsplanung starten. Das Ergebnis sind detaillierte Tagesplanungen für Rohbau, Lackierung und Montage, das sogenannte Tagesproduktionsprogramm. Die Koordinatoren der Bereiche Rohbau, Lackierung und Montage erhalten anschließend von der Zentralen Produktionssteuerung die Stückzahlen, auf deren Basis sie ihre Schichten gestalten. »Das Ziel ist«, wie Dominic Dauner erklärt, »täglich die geplante Anzahl an Fahrzeugen zu bauen und eine optimale, effiziente Auslastung der Produktionskapazitäten sicherzustellen«. Wenn zum Beispiel in Ferienzeiten eine Montage nur in einer Schicht arbeitet und die stärker automatisierten Bereiche die üblichen zwei bis drei Schichten fahren, dann, so Dominic Dauner, »muss das einige Wochen im Voraus geplant und eingesteuert werden«.

Das Team greift bei Bedarf ein und passt die Produktionsstückzahlen an. Um sicherzustellen, dass alle Bereiche der Produktion von ihren Vorgängern in der Prozesskette beliefert werden können, gibt es zwischen den Bereichen die sogenannten »Puffer«. Hier werden beispielsweise die lackierten Karossen zwischengelagert, bevor sie in der geplanten Reihenfolge (Perlenkette) in die Montage einlaufen. Die Bestückung der Stellplätze in den Puffern wird von der Produktionssteuerung geplant.

Die Bildschirme in der Steuerungszentrale zeigen den Produktionsablauf in Bildern und Zahlen an: Die Logistiker können genau erkennen und überwachen, wie sich der Produktionsfluss entwickelt – bis hin zu jedem einzelnen Fahrzeug.

Und wie wurde die Produktion in Zeiten gesteuert, als es noch keine PCs gab? Einer der älteren Kollegen blickt zurück und erklärt, dass es Steuerstellen in jeder einzelnen Produktionshalle gab. Um die Informationen zusammenlaufen zu lassen, mussten sich die Kollegen ständig über Telefon und Funk austauschen. Heute fließen alle notwendigen Informationen elektronisch in der Zentralen Produktionssteuerung zusammen. Dort behalten die Mitarbeiter alle Informationen aufmerksam im Blick und sorgen für einen reibungslosen Ablauf der Produktion.

Die Zentrale Produktionssteuerung plant und steuert den Produktionsfluss in enger Abstimmung mit dem Rohbau, der Lackierung und der Montage sowie den weiteren Logistikbereichen.

In Hochregallagern, den »Puffern«, wird ein Teil der lackierten Karossen zwischengelagert.

2014
In der Türenremontage werden die Türen sequenziell an das jeweilige Fahrzeug montiert – das gehört zu den Aufgaben von Mithat Inci (rechts) und Mustafa Karacetin (hinten) im Gebäude 36. Nach der Lackierung werden die Türen zunächst abgeschlagen, dann separat in der Türvormontage »aufgarniert« – es werden also beispielsweise das Türsteuergerät und das Türmodul montiert. Anschließend werden die fertigen Türen hier wieder ans Fahrzeug angebracht.

Not-Aus
Lenze
Lenze

1977
Einbau von vormontierten Scheinwerfern

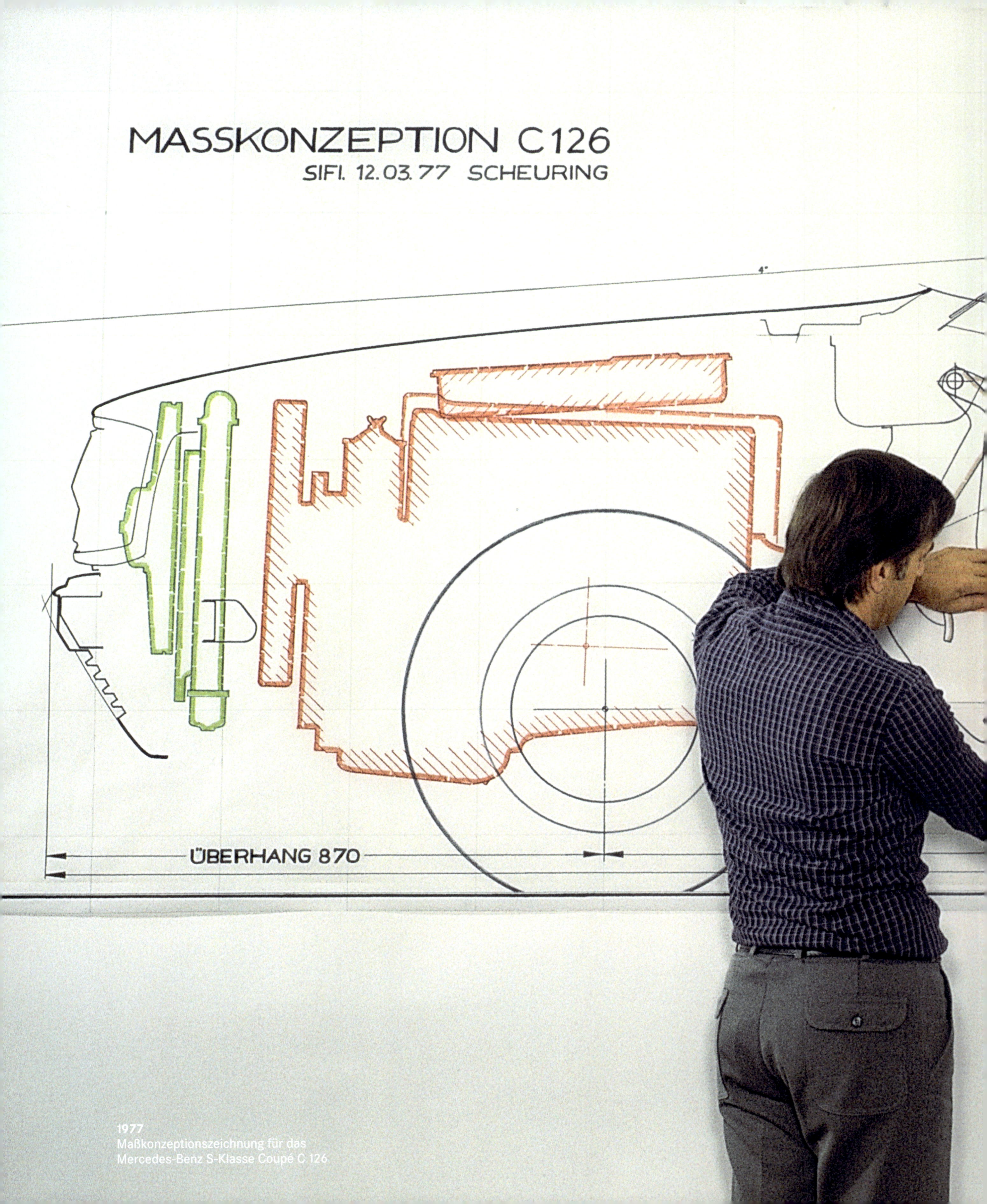

1977
Maßkonzeptionszeichnung für das
Mercedes-Benz S-Klasse Coupé C 126

960
95%
95%
RAD
GES

Sindelfinger Know-how in aller Welt

2014
Auf der IPV-Fläche, IPV steht für Integrierte Produktionsvorbereitung, führen Marina Müller und ihre Kollegen in rund vier Wochen die Muster-Montagen für die CKD-Produktion im Ausland durch. Dabei erstellen sie eine technische Dokumentation als Schritt-für-Schritt-Anleitung für die Montage vor Ort.

Mit Expertenwissen unterstützt die Internationale Produktionsbetreuung aus Sindelfingen die Produktion in den CKD-Werken.

Mitarbeiterinnen und Mitarbeiter bei der Cockpit-Vormontage der neuen S-Klasse im Werk in Pekan, Malaysia

Schulung der Kollegen im indonesischen Mercedes-Benz Werk Jakarta zur Panoramadachmontage mittels Klebetechnik

Betritt man das Gebäude der Internationalen Produktionsbetreuung, kommt man in eine andere Welt: Götterstatuen, Miniatur-Landesflaggen und bunte Fächer in Vitrinen ziehen die Blicke auf sich. Die farbenprächtigen Erinnerungsstücke in der Eingangshalle signalisieren enge Verbundenheit mit den CKD-Standorten.

Die CKD-Werke haben die Besonderheit, dass die Mitarbeiterinnen und Mitarbeiter dort Fahrzeuge montieren, die als Bausätze angeliefert werden. Sie liegen in Teilen – nämlich »completely knocked down« – vor. Die Produktion an diesen Standorten in Thailand, Vietnam, Indonesien, Malaysia, Indien sowie in Ägypten wird von hier aus geplant und betreut. Für die Mitarbeiterinnen und Mitarbeiter der Montageplanung CKD für die Auslandswerke gehören dazu selbstverständlich nicht nur die Planung, Koordination und laufende Betreuung, sondern auch die Zusammenarbeit vor Ort.

Marina Müller, Mitarbeiterin in der Produktionsbetreuung Ausland, erklärt, wie vielfältig die Unterstützung der CKD-Werke ist: »Wenn in einem der CKD-Werke eine Frage auftaucht, bemühen wir uns um eine Lösung und gehen bei Bedarf direkt zu den Ansprechpartnern ins Werk oder in die Entwicklung.« Die Kolleginnen und Kollegen in der Ferne werden dann umgehend mit allen notwendigen Informationen aus Sindelfingen versorgt.

Die Prozesse in den CKD-Werken, die zusammen über 20 000 Fahrzeuge im Jahr produzieren, sind im Vergleich zu den großen Produktionswerken wenig automatisiert. Dementsprechend müssen sie von Grund auf anders geplant und vorbereitet werden. »Wir erstellen eine komplette technische Dokumentation – und zwar in Text und Bild«, so Marina Müller. Die Dokumentation erklärt jeden Arbeitsschritt in der Produktion der jeweiligen Fahrzeugmodelle. Hier sind auch alle notwendigen Teile, Betriebsmittel und Qualitätsmerkmale bis hin zum exakt definierten Schraubenschlüssel aufgelistet. »Diese Arbeit dauert ein bis eineinhalb Jahre. Der Ausdruck einer Dokumentation würde gut vier Ordner füllen – beidseitig bedruckt.« Die Teams, die diese Dokumentationen erstellen, kennen als erfahrene Mechatroniker, Kfz-Mechaniker, Kfz-Elektriker und Ingenieure die Produktion genau. Sie erarbeiten die Planung auf Basis der Prozesse der Anlauffabrik und passen diese den CKD-spezifischen Anforderungen an. Zur Überprüfung der Prozesse, Betriebsmittel und des Lieferumfangs führen die CKD-Expertinnen und Experten jeweils eine Mustermontage durch. Schritt für Schritt montieren sie das Fahrzeug. Jeder Handgriff wird fotografiert und es wird geprüft, ob die schriftliche Dokumentation korrekt ist. Marina Müller erklärt: »Die ersten sechs Wochen sind wir während der Anlaufphase am CKD-Standort. Ein Mitarbeiter von uns geht als Koordinator zum Aufbau mit, dazu drei Spezialisten aus dem A-Team. Die ersten Fahrzeuge werden gemeinsam aufgebaut. Die Mitarbeiterinnen und Mitarbeiter aus dem Land werden geschult und erlernen die Produktionsschritte.« Anschließend übernehmen sie die Produktion selbstständig. Im Rahmen der Serienbetreuung stehen Marina Müller und ihre Kollegen auch weiterhin als Ansprechpartner zur Verfügung, für eine Produktion nach Mercedes-Benz Standards weltweit!

2014
Mit dem Stapler verlädt Walter Zimmermann vor dem Gebäude 34 die Karossen für den Versand in die internationalen Werke. Spezielle Verpackungen sorgen dafür, dass die vormontierten Teile auch die Reise über weite Entfernungen unbeschadet überstehen.

1990
Steuerung einer Anlage in der Lackierung

1991
Prüfung einer speicher-
programmierbaren
Steuerung

Wie Sie hören, hören Sie nichts!

2014
Mit Hilfe der Akustischen Kamera und der Shaker-Prüfstände für komplette Fahrzeuge wie auch für einzelne Komponenten kommt die Akustikanalyse unerwünschten Geräuschen auf die Spur. Frank Ehmers Aufgabe als Qualitätsingenieur ist es unter anderem, die Simulationsprofile für »Schlechtweg-Fahrten« zu programmieren.

Viel Erfahrung und raffinierte Prüftechnik sind die Schlüssel für optimales Qualitätsmanagement.

Mit einem Kunstkopf führt Akustik-Ingenieur Christoph Röntgen eine hochpräzise Geräuschmessung im Fahrzeuginnenraum durch. Der Kunstkopf zeichnet Geräusche so auf, wie ein Mensch sie hört, und erkennt außerdem die Geräuschrichtung.

Um ihr Ziel zu erreichen, geben die Qualitätsexperten der Akustikanalyse alles: Ein Fahrzeug muss ruhig sein – unter allen Bedingungen. Während der Produktionstestphasen neuer Modelle werden die Fahrzeuge und ihre Komponenten erstmalig unter Serienbedingungen gefertigt, was zu unerwarteten (Geräusch-) Beanstandungen führen kann. Spätestens dann beginnt die Arbeit des Analyseteams. Um einem unerwünschten Geräusch auf die Spur zu kommen, liegt Siegfried Sattler aus der Analysewerkstatt des Qualitätsmanagements auch schon einmal während der Fahrt über die Rüttelstrecke im Kofferraum. In anderen Fällen kommt ein Stethoskop zum Einsatz. Dabei zeigt sich, dass die Erfahrung und Expertise der Mitarbeiterinnen und Mitarbeiter das beste Mittel gegen störende Geräusche sind. In den schwierigeren Fällen hilft außerdem Prüftechnik, die Schallquellen zu orten und ihren Ursachen auf die Spur zu kommen.

Der elektrodynamische Shaker versetzt das komplette Fahrzeug oder einzelne Komponenten in exakt definierte Schwingungen. Qualitätsingenieur Frank Ehmer nennt ihn »unser Prunkstück, denn mit Hilfe des Shakers können Fahrsituationen über eine beliebige Zeit auf dem Prüfstand reproduziert und untersucht werden«. Das ist zur Untersuchung eines Geräuschs extrem hilfreich, das nur für kurze Zeit entsteht, zum Beispiel beim Überfahren eines Kanaldeckels. Pro Tag werden in der Regel zwei oder drei Fahrzeuge auf dem Shakerprüfstand analysiert.

Zur Lokalisierung der Geräuschquellen setzen die Prüfer ein weiteres High-Tech-Gerät ein: die »Akustische Kamera«. Sie kann Bilder von Tönen erzeugen und diese exakt dort abbilden, wo sie entstehen. Die Auswertung dieser Fotos oder Filmsequenzen durch Akustikingenieur Christoph Röntgen unterstützt die Suche nach Quellen und Ursachen eines Geräuschs. Anschließend kommt wieder die Expertise von Siegfried Sattler und seinen rund 20 Kollegen in der Werkstatt zum Einsatz. Sie können zum Beispiel einen nicht perfekt sitzenden Schweißpunkt als Fehlerquelle erkennen. So können die Qualitätsexperten mit Hilfe des Shakers und der akustischen Kamera nahezu alle der zunächst nicht erklärbaren Geräusche erfolgreich analysieren. Die Ergebnisse besprechen sie mit den zuständigen Kollegen, um die Ursache zu beheben. Schließlich sollen die Kundinnen und Kunden keines der Geräusche, die das Qualitätsmanagement vor jedem Neuanlauf erkennt, je zu hören bekommen.

2014
In der Audit-Kabine herrschen ideale Lichtbedingungen für die exakte Beurteilung von Farbtönen. Die Lackierung einer Karosse wirkt je nach Betrachtungswinkel minimal unterschiedlich, sodass für den Industriemeister Jacek Bednarz ein geschultes Auge und viel Erfahrung nötig sind, um Farbtonabweichungen festzustellen.

140.44.89+18F1-F3

1993
Schweißarbeiten an der Rohbaukarosserie eines E-Klasse Cabriolets (Baureihe 124)

1994
Herstellung der seriennahen Roadster-Studie SLK für den Automobilsalon in Paris

1995
Mitarbeiter bei der Montage des
Hauptleitungssatzes im Fondbereich

1998
Mitarbeiter im Dummy-Labor

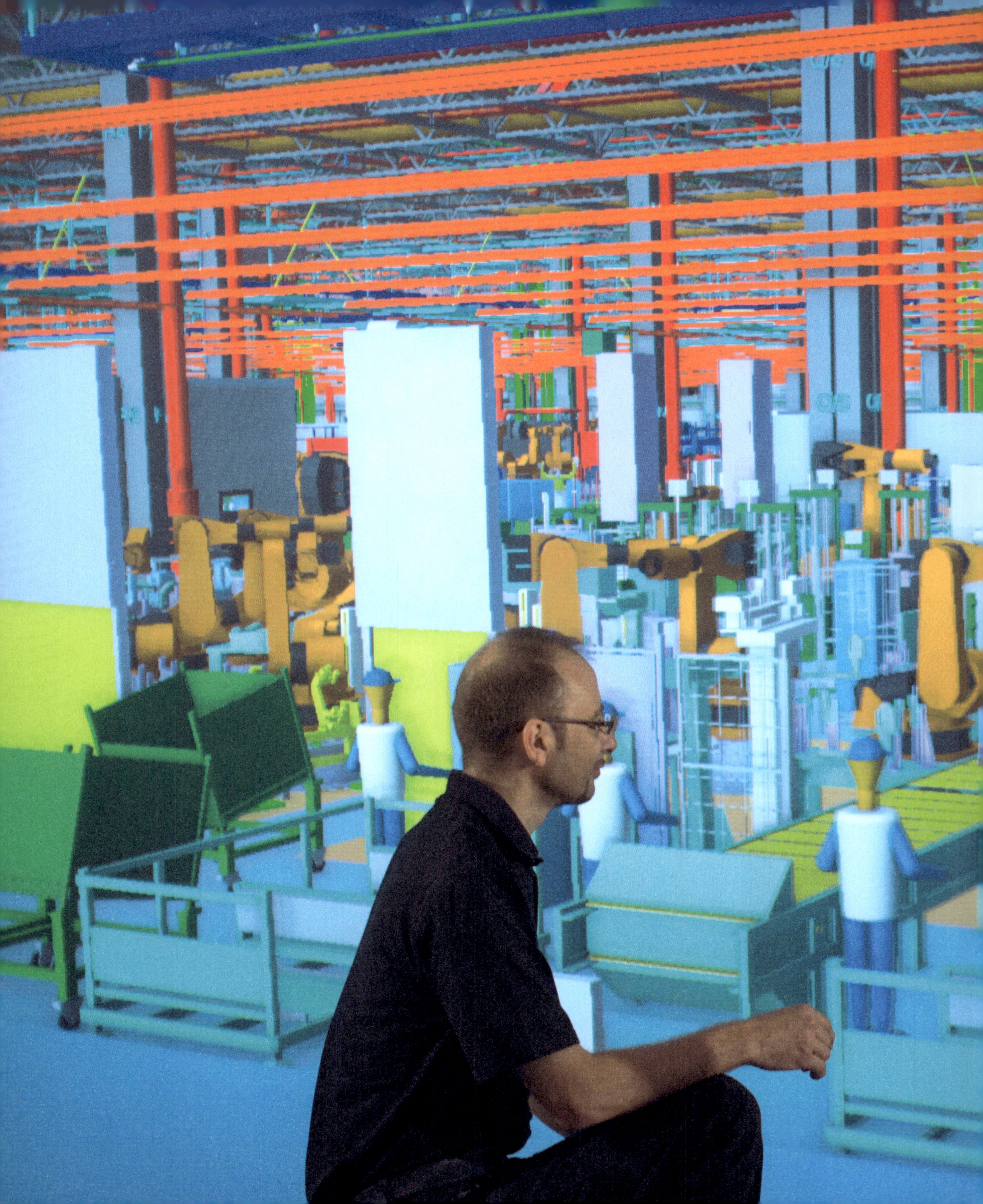

2009
Planungsbesprechung für die Produktionshallen im ungarischen Kecskemét am virtuellen Modell

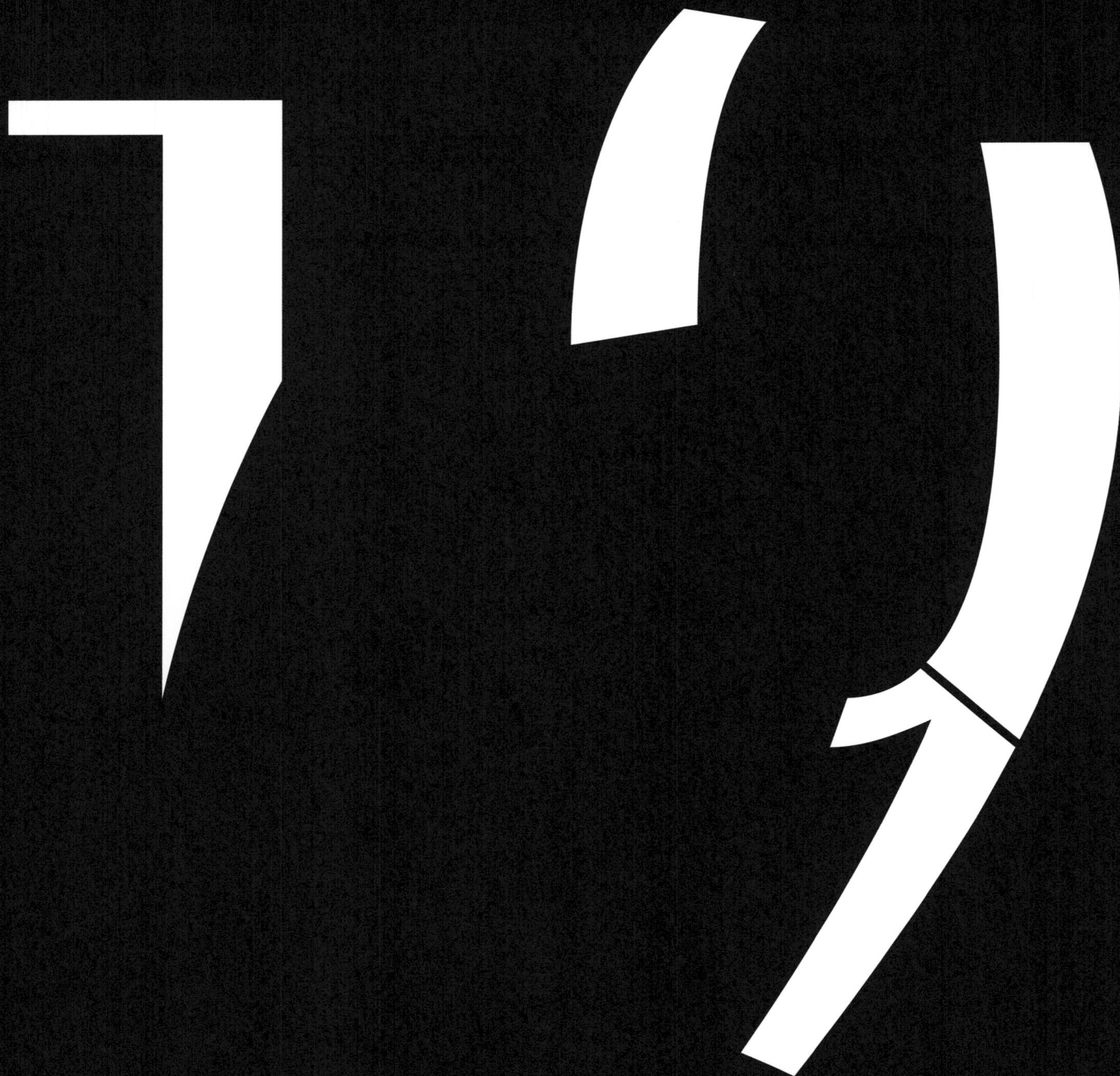

Zahlenwerk

Haupttor des Werks Sindelfingen, 1936

»Ein Unternehmen von Weltgeltung«

So stellt es der Sindelfinger Gemeinderat anlässlich der Ansiedlung voller Stolz fest. Er beschreibt damit die Firma, die ab 1915 auf den Sindelfinger Wiesen beim Böblinger Flugfeld ein Werk zur Produktion von Flugzeugen und Flugmotoren bauen lässt. Die Daimler-Motoren-Gesellschaft (DMG) baut bereits seit rund einer Generation Automobile. Seit Gottlieb Daimler im Jahr 1883 seinen gemeinsam mit Wilhelm Maybach entwickelten schnelllaufenden Einzylinder-Viertaktmotor zum Patent angemeldet hat, haben die beiden viel bewirkt: 1885 bauen die Mobilitätspioniere das erste Motorrad, 1886 folgt ein Motorboot, und 1888 motorisieren sie ein Luftschiff und Schienenfahrzeuge. Einige Monate nachdem Carl Benz in Mannheim am 29. Januar 1886 das Patent auf seinen dreirädrigen »Motorwagen« anmeldet, bauen Daimler und Maybach in Cannstatt das erste Vierrad-Automobil – die Daimler »Motorkutsche«. 1901 trägt erstmals ein Daimler Fahrzeug den Namen Mercedes. Dieser Mercedes 35 PS gilt als erstes modernes Automobil. Die Namenspatin war Mercédès, die Tochter des Diplomaten, Geschäftsmannes und Automobil-Enthusiasten Emil Jellinek. Mit der Initialzündung zur Geburt der Marke Mercedes trägt er entscheidend zur Bekanntheit und zum Erfolg der Daimler Fahrzeuge bei. Diese sind fortan wie die Automobile von Benz & Cie. höchst erfolgreich auf den internationalen Rennstrecken. Mit Motoren beider Unternehmen werden auch Flugzeuge ausgerüstet: 1911 wird die DMG und 1913 Benz & Cie. für den besten deutschen Flugmotor ausgezeichnet. Im Gründungsjahr des Sindelfinger Werks 1915 sind 7 197 Mitarbeiterinnen und Mitarbeiter bei der DMG beschäftigt. Das Unternehmen setzt im selben Jahr 87,1 Millionen Mark – sogenannte »Goldmark« – um.

1915—1924

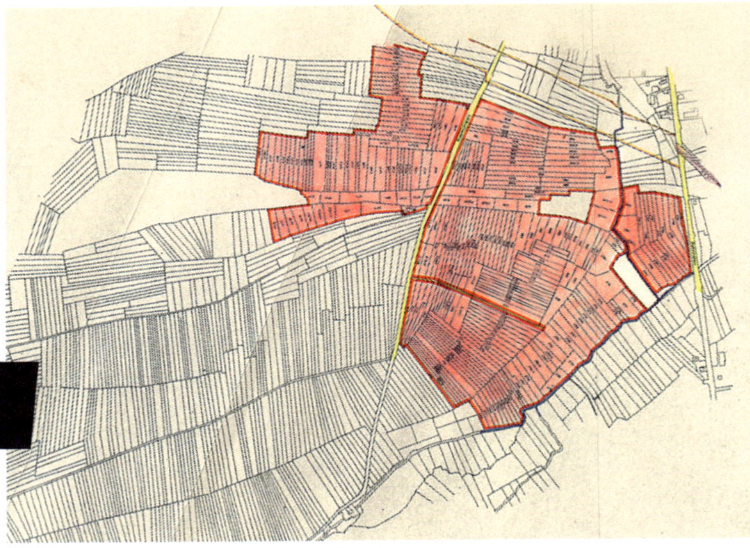

Das kleinteilig parzellierte Gelände vor dem Bau der Flugzeugfabrik, 1915

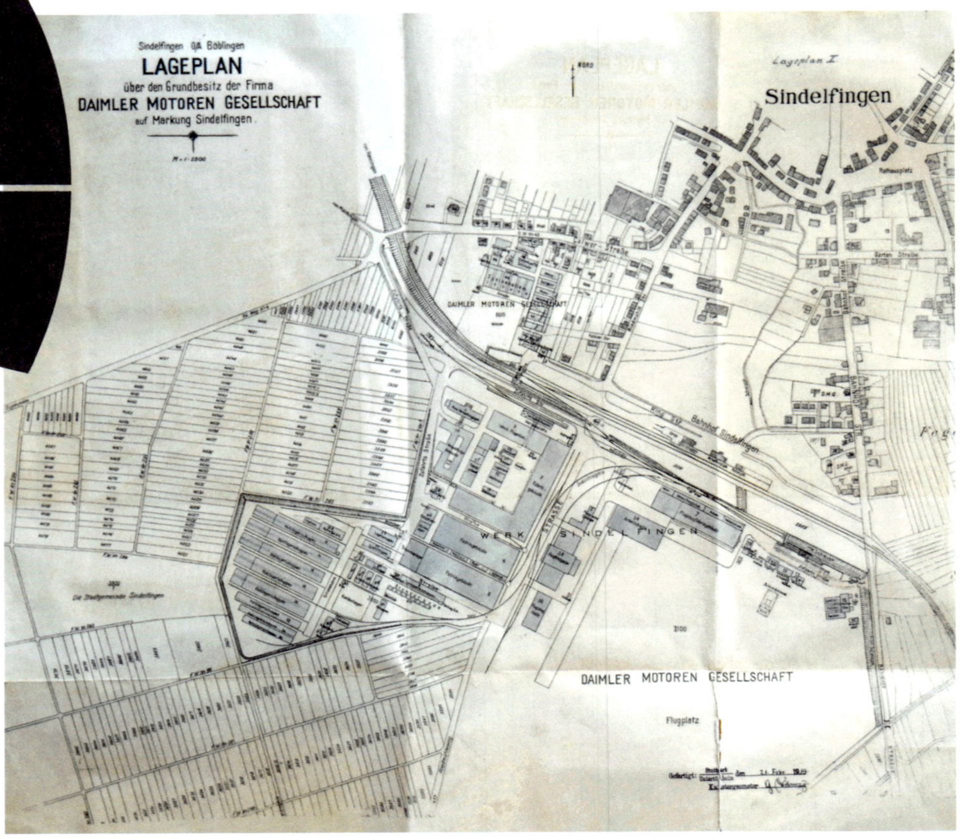

Das Werkgelände der DMG, 24. Februar 1919

6./7. Juli 1915: Die Daimler-Motoren-Gesellschaft (DMG) erwirbt von der Stadt Sindelfingen etwa 38 Hektar Wiesenflächen beim Militärflugplatz Böblingen zum Bau eines Produktionsstandorts für Flugmotoren und Flugzeuge. Bis zum 2. Oktober kauft die DMG weitere 13 Hektar für ein Karosseriewerk. Die Planungen für das kriegswichtige Flugzeugwerk beginnen zügig und bereits Anfang 1916 erfolgt der erste Spatenstich.

März 1916: Die Bauarbeiten beginnen. Zunächst wird unmittelbar neben dem Flugfeld eine große Montagehalle zur Flugzeugproduktion errichtet. Unter schwierigen Bedingungen wird mitten im Ersten Weltkrieg die erste Halle gebaut und im Herbst 1917 fertiggestellt. Das älteste Gebäude des Werks ist unter der Bezeichnung Gebäude 7 bis heute erhalten geblieben.

3. März 1917: Die Daimler-Motoren-Gesellschaft übergibt das erste in Lizenz gefertigte Großflugzeug Fdh G II an die deutsche »Fliegertruppe«, wie die Luftwaffe bis 1918 heißt. Anschließend läuft in Sindelfingen die Produktion weiterer Flugzeugtypen an. Die Tragflächen der Flugzeuge sowie Holzteile für die Rümpfe entstehen als Übergangslösung in eigens angemieteten Werkstätten der Stuttgarter Klavierfabrik Schiedmayer, deren Facharbeiter dabei beratend zur Seite stehen.

1. Juli 1917: Das Sindelfinger Werk wird beauftragt, die Fertigung von Flugmotoren vorzubereiten. Die Fliegertruppe beabsichtigt damit, die bisher in Untertürkheim konzentrierte Produktion von Mercedes Flugmotoren zu steigern und gleichzeitig zu dezentralisieren.

1918: Wilhelm Krumrein übernimmt die technische Werkleitung.

1. Januar 1918: Das Sindelfinger Werk der Daimler-Motoren-Gesellschaft, das bisher unter Leitung von Untertürkheim gestanden hat, wird ein selbstständiger Betrieb.

Bau der Montagehalle für die Flugzeugfabrik, 1916

Daimler Großflugzeug G III, 1917

Das Baugelände, 1917

Werkgelände mit Gebäude 7, 1917

Zum Vergleich: Luftaufnahme des Werks Sindelfingen, das Gebäude 7 befindet sich oben links im Bild, 1918

Flugmotoren-Bremserei, 1918

Jagdflugzeug L 11, 1918

Aufklärer Daimler L 14, 1918

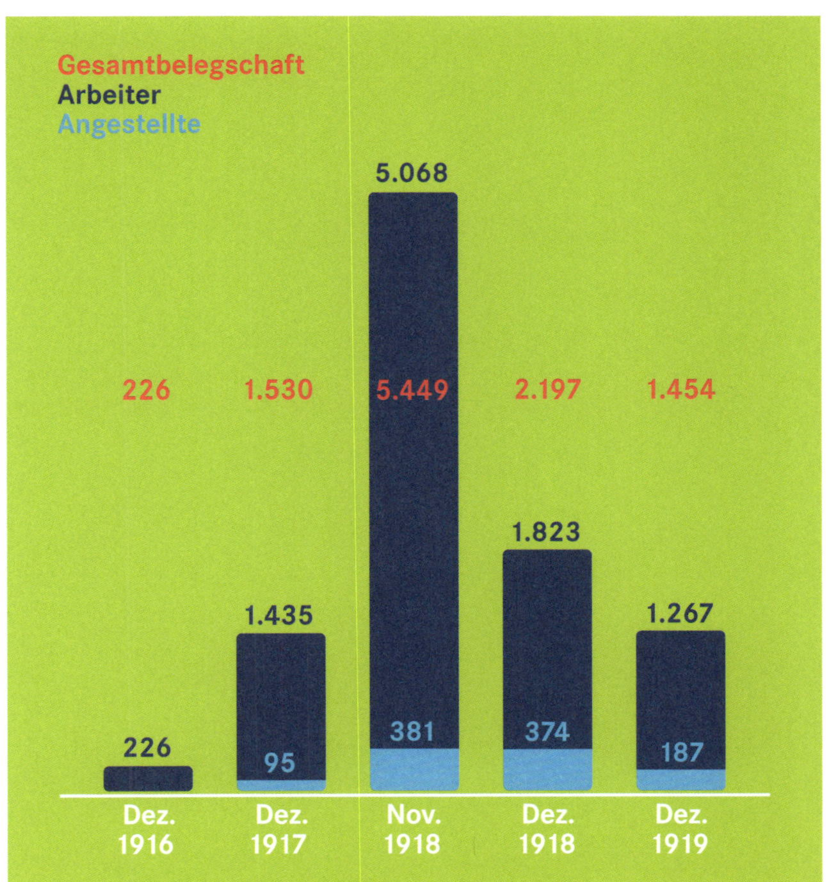

Belegschaftszahlen aus dem Werk Sindelfingen bis Ende 1919

März 1918: Im Werk Sindelfingen beginnt die Produktion von Flugmotoren. Im Herbst werden auch die erforderlichen Prüfstände errichtet. Aufgrund fehlender Maschinen können die ersten Motoren erst kurz vor Kriegsende ihren Prüfstandlauf absolvieren.

1. April 1918: Hanns Klemm übernimmt bei der Daimler-Motoren-Gesellschaft in Sindelfingen die Leitung des Konstruktionsbüros für den Flugzeugbau. Er konstruiert das Jagdflugzeug Daimler L 11 und den Aufklärer L 14, die jedoch nicht mehr zum Einsatz kommen.

Juli 1918: Durch die zunehmenden Fronteinsätze kommt es im Werk Sindelfingen zu einem Facharbeitermangel. Die Fluktuation in der Belegschaft ist groß. Die Abteilung Motorenbau initiiert daraufhin die Einrichtung einer Anlernwerkstätte im Erdgeschoss des Südflügels von Gebäude 2.

1. November 1918: Zwischen dem 1. Januar 1918 und dem 1. November 1918 nimmt die Belegschaft des Werks Sindelfingen sprunghaft zu – von 1 890 auf 5 616 Beschäftigte. Davon sind 1 306 Frauen, die damit zum Jahresende rund 23 Prozent der Belegschaft bilden.

11. November 1918: Mit der Kapitulation Deutschlands und dem Waffenstillstand ist der Erste Weltkrieg zu Ende.

Die Belegschaft des Werks sinkt zwischen November 1918 und Oktober 1919 von 5 600 auf 1 400 Mitarbeiter. Das bislang auf Rüstungsproduktion ausgerichtete Werk stellt auf die Produktion von »Friedensartikeln« um. Es kommt zu Lohnkürzungen von bis zu 47 Prozent.

Karosserie-Montage, um 1920

Schlafzimmermöbel »made in Sindelfingen«, 1919

1919: Mit dem Aufbau der Karosserie-Abteilung beginnt im Werk Sindelfingen die Produktion von ersten Fahrzeugen. In Gebäude 4 entstehen Karosserien für den Mercedes-Knight 16/45 PS, zunächst in der Ausführung als offener Tourenwagen mit Verdeck.

Januar 1919: Das Werk Sindelfingen beginnt mit der Produktion von Möbelstücken, um die Mitarbeiter zu beschäftigen und die aus der Flugzeugfertigung verbliebenen Holzbestände zu nutzen. Bis Mitte 1919 entstehen Hunderte von Schlafzimmermöbeln in einfacher Ausführung für die »Mittelstandshilfe«, es wird aber auch hochwertiges Wohn- und Schlafzimmermobiliar mit Edelholzfurnier hergestellt, das vor allem in die Schweiz verkauft wird.

März 1919: Die Angestellten des Werks Sindelfingen treten in Streik, um in Anbetracht der inflationären Preisentwicklung eine Teuerungszulage zu erhalten. Am 18. April wird diese Zulage von der Daimler-Motoren-Gesellschaft in Untertürkheim gewährt. Im Laufe des Jahres finden in allen drei Werken der DMG Berlin-Marienfelde, Stuttgart-Untertürkheim und Sindelfingen immer wieder Streiks der Arbeiterschaft statt. Ein Ergebnis der Streiks ist, dass die 46-Stunden-Woche mit freiem Samstagnachmittag bis zum Jahresende festgeschrieben wird.

12. November 1919: Die »Daimler-Werksnachrichten« erscheinen als Informationsblatt für die Mitarbeiterinnen und Mitarbeiter in den Werken Untertürkheim und Sindelfingen. In der Erstausgabe steht die bange Frage: »Was wird mit dem Daimlerwerk in Sindelfingen?« Im Oktober 1922 werden die »Daimler-Werksnachrichten« wieder eingestellt.

Was wird mit dem Daimlerwerk in Sindelfingen?

Das im Kriege errichtete Werk Sindelfingen der D.M.G. stellte während des Krieges Flugzeuge und Flugzeugmotoren her und beschäftigte hiefür als Höchstzahl (Oktober 1918) 5000 Arbeiter. Nach dem Waffenstillstand mußte innerhalb kurzer Zeit die Arbeit an diesen Gegenständen eingestellt werden. Damit fiel für die Arbeiter des Werkes Sindelfingen die bisherige Beschäftigungsgelegenheit weg, soweit nicht noch Aufräumungsarbeiten und dergl. zu leisten waren.

Die D.M.G. bemühte sich, andere Arbeitsgelegenheit zu schaffen und griff zunächst die Möbelherstellung auf. Mit ihr wurden im Höchststand 130 Arbeiter beschäftigt. Die Möbelherstellung war nur als Notbehelf aufgenommen und es war der Direktion von Anfang an klar, daß sie unwirtschaftlich war, da das Werk für andere Zwecke eingerichtet und die Angestellten- und Arbeiterschaft auf andere Arbeiten eingestellt war. Sie darf deshalb nicht länger fortgesetzt werden, als bis wirtschaftliche Arbeiten ausgeführt werden können. Nach Erledigung der übernommenen Aufträge wird sie eingestellt. Die mit ihr beschäftigten Arbeiter werden, soweit sie hiefür geeignet sind, in die Karosserie-Herstellung, welche die eigentliche Aufgabe des Werkes Sindelfingen sein soll, übernommen werden.

Wie die Möbelherstellung, wurde auch die Reparatur von Heereskraftwagen zur Schaffung von Arbeitsgelegenheit Ende 1918 übernommen; diese Arbeit wird bis Ende dieses Jahres beendet sein. Dann bleibt zunächst nur der Karosseriebetrieb übrig.

An eine Wiederaufnahme der Flugzeugherstellung kann zunächst schon nach den Vorschriften des Friedensvertrages nicht gedacht werden, nach denen auf die Dauer von einem halben Jahr nach Ratifizierung des Friedensvertrags in Deutschland weder Flugzeuge und Flugzeugmotoren noch deren Teile hergestellt werden dürfen.

Der Karosseriebetrieb kann aus dem Flugzeugbau die Holzfacharbeiter übernehmen. Dagegen können die früher in Sindelfingen beschäftigten Metallarbeiter nur zu einem kleinen Teil in dem neuen Betrieb weiter beschäftigt werden. Ein Teil der letzteren konnte in unser Werk in Untertürkheim übernommen werden, während andererseits Karosserie-Facharbeiter von Untertürkheim nach Sindelfingen versetzt wurden.

Für die Karosseriefabrikation liegen große Aufträge vor und könnten weitere leicht gewonnen werden, wenn die Fabrikation in Sindelfingen rasch entsprechend ausgebaut werden könnte. Dieser Ausbau wird aber gehindert durch den Mangel an Holzfacharbeitern, namentlich an gelernten Wagnern und Kastenmachern. Die Holzverarbeitung, speziell die Möbelbranche, steht gegenwärtig im Zeichen der Hochkonjunktur; nach Holzfacharbeitern ist infolgedessen zur Zeit allgemein große Nachfrage. Die ausreichende Gewinnung von Holzfacharbeitern für Sindelfingen ist deshalb zur Zeit nicht möglich und begegnet noch der besonderen Schwierigkeit, daß die Wohnungsgelegenheiten in Sindelfingen für verheiratete Arbeiter unzureichend sind.

Um dem Wohnungsmangel abzuhelfen, errichtet der Bau- und Spar-Verein Sindelfingen mit Unterstützung der D.M.G. 50 Einfamilienhäuser, die voraussichtlich im Frühjahr 1920 fertig sein werden. Um sofort Wohngelegenheit zu schaffen, hat sich die Direktion entschlossen, in die 6 Arbeiterspeisehallen Notwohnungen einzubauen, die in wenigen Wochen fertiggestellt sein werden. Der gesamte Speisehallenbetrieb wird in das bisherige Beamtenkasino verlegt. Dadurch können rund 40 Wohnungen, bestehend aus einer Wohnküche und zwei Wohnräumen, gewonnen werden. Ob der Firma der Versuch gelingt, von der Militärverwaltung die eine oder andere Kaserne des Flugplatzes für Errichtung von Wohnungen überwiesen zu bekommen, ist zweifelhaft.

Zur Zeit werden im Karosseriebetrieb in Sindelfingen beschäftigt:

145 Holzfacharbeiter
172 Metallfacharbeiter
46 Sattler
47 Maler und Lackierer
70 angelernte Holz- und Metallarbeiter
90 Hilfsarbeiter.

Mit der Steigerung der Zahl der Holzfacharbeiter können auch die Zahlen der übrigen Arbeiterkategorien entsprechend erhöht werden. Das weit ausgedehnte Werk bedarf außerdem einer gewissen Anzahl von Betriebshandwerkern und Hilfsarbeitern zu seiner Instandhaltung. Die finanziellen Schwierigkeiten, mit denen die D.M.G. zu kämpfen hat, zwingen aber, hierin wie sonst so sparsam als möglich zu sein.

Nach den bisherigen Darlegungen ist es wohl selbstverständlich, daß von den Arbeitern des Flugzeugbaues ein sehr großer Teil eine Arbeitsgelegenheit im Werk Sindelfingen nicht mehr hat. Viele sind länger beibehalten und durchgehalten worden, als es auf die Dauer mit der finanziellen Leistungsfähigkeit der D.M.G. verträglich war. Ihr mußte durch die neuerlichen Einschränkungen der Arbeiter- und Angestelltenzahl Rechnung getragen werden.

– 3 –

Daimler-Werksnachrichten, 12. November 1919

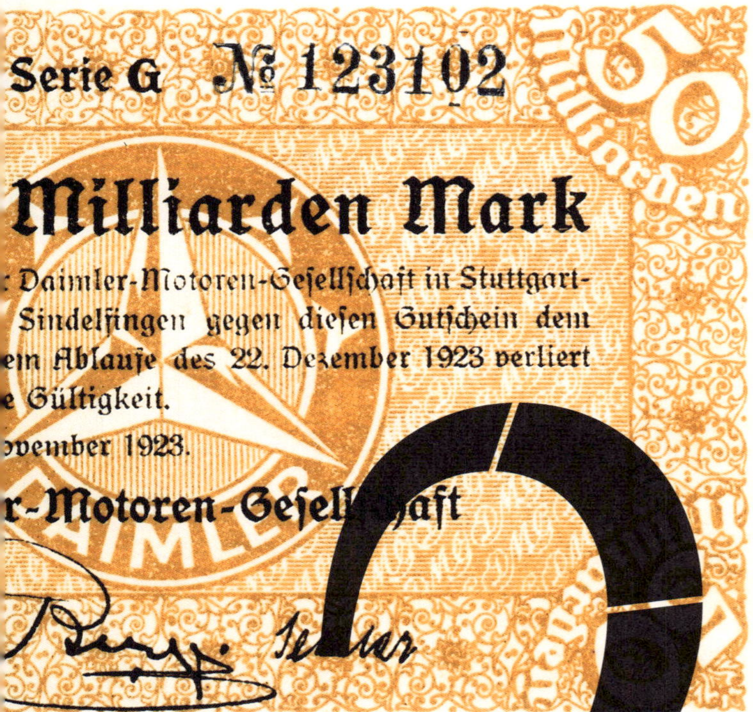

Notgeldschein über 50 Milliarden Mark,
2. November 1923

Rückseite des Notgeldscheins mit der Aufschrift »Daimlerwagen, Daimlergeld – Wer sie hat, ist gut gestellt«, 1923

Ende 1919: Am Jahresende besteht die Belegschaft des Werks Sindelfingen nur noch aus rund 1 300 Arbeitern und 200 Angestellten.

28. November 1920: In Sindelfingen stellt die Daimler-Motoren-Gesellschaft zwei neue Daimler Motorpflüge vor: einen dreirädrigen 25-PS-Pflugschlepper mit Ritzelantrieb und einen vierrädrigen 45-PS-Pflugschlepper. Sie sollen den stockenden Absatz an Fahrzeugen der DMG wieder ankurbeln.

1923: Die Geldentwertung setzt sich rasant fort. 87 Millionen Mark kostet der Mercedes-Knight 16/45 PS im April 1923.

26. Oktober 1923: Die Werkdruckerei der DMG druckt die ersten Notgeldscheine im Wert von 3 Milliarden Mark pro Schein, es folgen Gutscheine mit Werten zwischen 5 und 50 Milliarden Mark. Die Inflation »galoppiert«, die Preise steigen rasend schnell. Die Lohnbuchhaltung im Werk setzt jede Woche einen neuen Faktor zur Berechnung der Löhne fest.

Dezember 1924: Nach einer Studienreise in die USA engagiert sich Oberingenieur Wilhelm Friedle für die Modernisierung des Karosseriebaus. Nach dem Vorbild der in der Ford Motor Company erstmals eingeführten Rationalisierungsverfahren wird das erste »laufende Band« in Gebäude 2 errichtet.

4. Dezember 1924: Die Arbeiterschaft wird ausgesperrt. Zuvor ist es zu passivem Widerstand gekommen, nachdem die Unternehmensleitung Lohnforderungen nicht erfüllen konnte. Die Aussperrung hält bis März 1925 an.

1925–1932

Ein dreirädriger 25-PS-Daimler-Pflugschlepper

Ein vierrädriger 45-PS-Daimler-Pflugschlepper

28./29. Juni 1926: Die Daimler-Motoren-Gesellschaft und die Firma Benz & Cie., die seit zwei Jahren in einer Interessengemeinschaft verbunden sind, fusionieren zur Daimler-Benz AG. Das neue Markenzeichen der Produkte mit dem Namen Mercedes-Benz verbindet die bisherigen Embleme: Der Stern im Lorbeerkranz ist geboren. Der juristische Sitz der neuen Gesellschaft ist Berlin, die Zentralverwaltung arbeitet in Untertürkheim.

Herbst 1926: Mit der Fusion zur Daimler-Benz AG geht eine Neustrukturierung des Unternehmens einher. In diesem Zusammenhang wird die Produktion von Aufbauten für Omnibusse von Gaggenau nach Sindelfingen verlagert, um das Werk besser auszulasten. Für Sindelfingen bringt die Fusion eine beachtliche Aufwertung, denn Sindelfingen beliefert nun auch die Benz-Werke in Mannheim und Gaggenau. So wird die Grundlage für das spätere Karosseriezentrum der Daimler-Benz AG gelegt.

1927: Paul Heim übernimmt die Kaufmännische Werkleitung.

20. Mai 1927: Fast zeitgleich mit der Übernahme des Omnibusbaus wird 1927 die Sindelfinger Wohnstätten GmbH gegründet (Beteiligungen: Stadt Sindelfingen 60 Prozent, Daimler-Benz 40 Prozent). Zunächst entstehen 105 Wohnungen, unter anderem für die vom Werk Gaggenau übernommenen Mitarbeiterinnen und Mitarbeiter.

Im August desselben Jahres nimmt Wilhelm Haspel, der spätere Vorstandsvorsitzende, seine Tätigkeit in Sindelfingen auf. Er legt einen Schwerpunkt auf die Organisation des Karosseriewerks, stellt die Fertigung auf eine kostengünstigere Basis und reorganisiert das Rechnungswesen. 1932 wird Wilhelm Haspel Werkleiter in Sindelfingen.

2. Januar 1928: Der erste »Stahlomnibus«, also ein Omnibus mit Stahlkarosserie, wird gebaut. Durch die Verwendung von Stahl wird die Passive Sicherheit erhöht, denn Stahl ist wesentlich stabiler als das bisher verwendete Material Holz. Die einzelnen Karosserieteile werden noch nicht verschweißt, sondern miteinander vernietet.

Omnibuskarosseriebau, um 1930

26

Die Produkte der neu entstandenen
Daimler-Benz AG tragen seit der Fusion 1926
den Namen Mercedes-Benz.

Siedlungshäuser der Wohnstätten GmbH
in der Zimmerstraße, um 1929

Mercedes-Benz Omnibus N 56, dessen Stahlaufbau
aus dem Werk Sindelfingen stammt, Herbst 1928

Tiefziehpresse, um 1928

Mercedes-Benz Personenwagen im Werk Sindelfingen vor der Auslieferung, 1927

Herbst 1928: Die ehemalige Flugzeughalle wird zum Presswerk umgebaut. Dadurch kann der Karosseriebau von manueller Einzelfertigung auf Serienproduktion umgestellt werden. Dabei kommen bei Daimler-Benz zum ersten Mal Tiefziehpressen für die Serienfertigung der großen Karosserieteile zum Einsatz. Das Daimler-Benz Werk Sindelfingen produziert nun alle Karosserien für die in Untertürkheim gebauten Personenwagen.

Januar 1930: In den schwierigen Jahren der Weltwirtschaftskrise beginnt das Werk Sindelfingen zur Sicherung der Arbeitsplätze damit, auch Karosserien für andere Fahrzeugmarken zu fertigen. So entstehen beispielsweise bis Januar 1932 insgesamt 2 702 Karosserien für den Wanderer Typ W 11.

Oktober 1931: Auf dem Pariser Salon wird der Mercedes-Benz 170 vorgestellt. Als besondere Qualität des kompakten Fahrzeugs gilt sein innovatives und besonders sicheres Fahrwerkskonzept. Mit seinem sensationell günstigen Preis von 4 400 Reichsmark für einen Mittelklassewagen der Marke Mercedes-Benz wird er zum Verkaufserfolg.

November 1931: Zur weiteren Kapazitätsauslastung beginnt das Werk Sindelfingen mit der Karosseriefertigung für BMW. Bis 1937 werden insgesamt 22 197 Einheiten in Sindelfingen hergestellt, darunter sämtliche Serienkarosserien für den BMW 3/20 PS.

Karosseriemontage, 1930

Werbeanzeige für den Typ 170, 1932

Ein BMW von Mercedes-Benz: BMW 3/20 PS mit Sindelfinger Karosserie, 1932

1933–1945

Messerschmitt Me 410, ausgerüstet mit zwei Flugmotoren DB 603

Ankunft von Zwangsarbeitern am Stuttgarter Hauptbahnhof, um 1942

1934: Der Belegschaftsstand erreicht einen neuen Rekord: Im Werk Sindelfingen arbeiten nun 5 080 Mitarbeiterinnen und Mitarbeiter. Die Automobilindustrie profitiert in besonderem Maße von der Politik der nationalsozialistischen Regierung: Unmittelbar nach dem Regierungsantritt Adolf Hitlers im Jahr 1933 wird die Motorisierung unter anderem durch direkte Aufträge gefördert. Die Nationalsozialisten geben vor, die private Automobilisierung zu fördern, zielen jedoch auf die Nutzung von Fahrzeugen für die Aufrüstung Deutschlands.

1937: Das neue Verwaltungsgebäude wird fertiggestellt. In diesem Jahr werden 26 867 Karosserien im Werk Sindelfingen gefertigt; die Anzahl wird im Vergleich zum Jahr 1935 nahezu verdoppelt.

Paul Heim wird Leiter des Karosseriewerks.

1939: Umfangreiche Bauarbeiten schaffen neue Produktionskapazitäten. Weitere Hallen zur Rohbaufertigung und zur Fabrikation von Stahlaufbauten entstehen.

Mit Kriegsbeginn wird im Sindelfinger Werk die Produktion umgestellt. Ab 1939 werden zunehmend Karosserien für Nutzfahrzeuge produziert, die Fertigung von Personenwagen kommt ab 1943 beinahe zum Erliegen. Ab 1942 werden auch jährlich Tausende von festen Aufbauten für Nutzkraftwagen, sogenannte Einheits-Koffer und Fahrerhäuser für die Deutsche Wehrmacht produziert. Im »totalen Krieg« werden nur noch »kriegswichtige« Güter hergestellt.

1940: Produziert werden nun auch Triebwerksverkleidungen für Messerschmitt Flugzeuge und Lader-Luftleitungen für Flugzeugmotoren. Die Zulieferproduktion für Messerschmitt umfasst auch die Fertigung von Tragflächen für den zweimotorigen Ganzmetall-Tiefdecker Me 110.

1941: Ein neuer Rekord: Im Werk arbeiten rund 7 200 Personen.

1941–1945: Weil immer mehr Männer aus den Fabriken an die Front abkommandiert werden, greifen die Unternehmen zuerst auf Frauen, dann auf »Fremd«- und Zwangsarbeiter zurück. 1941 werden in einer zeitgenössischen Werkchronik erste ausländische Arbeitskräfte im Werk Sindelfingen erwähnt. Die meisten von ihnen kommen aus Frankreich, den Niederlanden und später aus der Sowjetunion. Der Status der ausländischen Arbeitskräfte ist sehr unterschiedlich. Auch in der Behandlung der Fremdarbeiter wird, dem nationalsozialistischen Rassenwahn entsprechend, zwischen West- und Osteuropäern stark unterschieden. Zur Zwangsarbeit werden unter anderem auch Kriegsgefangene herangezogen, die das NS-Regime entrechtet hat und die unter den meist unmenschlichen Arbeitsbedingungen leiden.

Feuerwehrfahrzeug vom Typ L 1 500 F (LLG), Leichtes Löschgruppenfahrzeug auf Basis des L 1 500 S, 1941–1944

1,5-Tonnen-Leichtlastwagen L 1 500 S, 1941–1944

1941–1944: Zwischen 1941 und 1944 werden in Sindelfingen Aufbauten und Fahrerhäuser für leichte Löschgruppenfahrzeuge und leichte Lastwagen vom Typ L 1 500 S gebaut, die im Krieg benötigt werden.

1942: Für die Zwangsarbeiter werden die Wohnlager »Riedmühle« und »Böblinger Allee« errichtet. »Riedmühle« ist in dieser Zeit ein großes Wohnlager mit 20 Wohnbaracken, zwei Speise- und Revierbaracken, Handwerker- und Friseurbaracken für über 1 000 Personen, vorwiegend westeuropäische Zivilarbeiter. 1943 findet die Erweiterung des »Ostarbeiter-Lagers« an der Böblinger Allee mit weiteren Wohnbaracken statt. 1943 arbeiten etwa 2 500 ausländische Zwangsarbeiter im Karosseriebau und in der Produktion von Flugzeugteilen. Sie machen rund ein Drittel der Belegschaft des Werks aus.

18. Juli 1942: Unerwartet stirbt der Vorstandsvorsitzende Dr.-Ing. h. c. Wilhelm Kissel. Sein Nachfolger wird am 23. August Wilhelm Haspel, der schon seit August 1927 mit der Verwaltung und seit 1932 mit der Gesamtleitung des Werks Sindelfingen betraut ist.

November 1942: Daimler-Benz liefert die ersten Teile zu einer der sogenannten »Wunderwaffen«, der Großrakete A 4, die später den Namen Vergeltungswaffe 2 – oder kurz V 2 – erhält. Im Werk Sindelfingen wird ein Heckteil mit Leitflächen gefertigt. Das Bauteil besteht aus einem Stahlgerippe mit einer Verkleidung aus hochwarmfestem Stahlblech. Die Produktion läuft jedoch erst im Sommer 1944 an.

20. September 1943: Wilhelm Langheck übernimmt die technische Werkleitung. Später, als Betriebsdirektor, macht er sich den Wiederaufbau des im Krieg zerstörten Sindelfinger Werks zur Hauptaufgabe.

1944: Aufgrund der zunehmenden Schäden durch Luftangriffe wird die Produktion an verschiedene Standorte, meist in Textilbetriebe, verlagert. Große Verlagerungen werden nach Iselshausen bei Nagold (Schwarzwald I), Weil der Stadt (Schwarzwald II) und Backnang vorgenommen. Außerdem werden beispielsweise 14 Pressen nach Maulbronn und Colmar ausgelagert. Kurz vor Kriegsende werden die riesigen Maschinen infolge der heranrückenden Front in einer Schnellaktion wieder nach Sindelfingen gebracht.

Wohnbaracken für Zwangsarbeiter, Lager »Riedmühle«, um 1944

Verlagert nach »Schwarzwald I«: Produktion von Flugmotorenteilen in einer Textilfabrik in Iselshausen bei Nagold, 1944

13. September 1944: Das Sindelfinger Werk ist wegen seiner Rüstungsproduktion ein Hauptangriffsziel der Alliierten. Schwere Luftangriffe verursachen verheerende Schäden im Werk und in der Stadt. Sie zerstören rund 75 Prozent der Werkgebäude und 50 Prozent der Maschinen. Bei den Angriffen auf das Werk, die auch die angrenzende Stadt treffen, kommen 56 Menschen in Sindelfingen ums Leben.

21. April 1945: Sindelfingen ergibt sich den einmarschierenden französischen Truppen. Zügig besetzt das französische Militär auch das Werk. Die Amerikaner lösen die französische Besatzung im Sommer 1945 ab.

Mai 1945: Unmittelbar nach Kriegsende gelingt es, Aufträge zur Reparatur von Fahrzeugen der französischen Besatzungsmacht zu akquirieren. Gleichzeitig werden die Aufräumarbeiten in den Trümmern begonnen und die ausgelagerten Teile der Produktion wieder in das Werk zurückgeholt.

Das zerstörte Verwaltungsgebäude, 1944

Straße zwischen Gebäude 2 und 4
in Richtung Osten, 1944

1946–1954

Die Südseite des zerstörten Verwaltungs-gebäudes

Das wiederaufgebaute Verwaltungsgebäude, im Vordergrund das Trafo-Haus

16. August 1945: Daimler-Benz erhält von den Alliierten die Produktionserlaubnis für einen Lieferwagen auf Basis des Typs 170 V. Ab Mai 1946 wird der Mercedes-Benz 170 V als Prit-schen-, Kasten- und Krankenwagen gefertigt. Damit beginnt bei der Daimler-Benz AG die Pkw-Nachkriegsproduktion.

Hermann Heilig übernimmt die kaufmännische Werkleitung.

November 1945: Das Werk Sindelfingen beginnt mit der Produktion von Notprodukten, zum Beispiel Fahrradanhängern. Bis März 1946 werden 1 150 Stück davon hergestellt. Die Sindelfinger Produkte der unmittelbaren Nachkriegszeit sind außerdem Handwagen, Obstdörren, Haushaltsgegenstände aus Duralblech (besonders festes Aluminiumblech), elektrische Kochplatten und Holzspielzeug.

Dezember 1945: Nach den ersten Wahlen zum Betriebsrat konstituieren sich die Arbeitnehmervertretungen in den Werken Untertürkheim, Sindelfingen, Mannheim und Gaggenau.

1946: Bis zum Jahresende werden insgesamt 214 Einheiten des Kasten-, Liefer- und Krankenwagens 170 V produziert. Die Montage erfolgt nicht mehr in Untertürkheim, sondern im Werk Sindelfingen.

Januar 1946: Auch Benzin ist knapp. Im Werk Sindelfingen beginnt die Fertigung von Gasgeneratoren für Pkw. Der alternative Antrieb wird im Volksmund »Holzvergaser« genannt. Bis August 1948 verlassen insgesamt 765 Stück das Werk.

Typ 170 V Pritschenwagen, Herbst 1946

6

Mercedes-Benz 170 V Krankenwagen, Herbst 1946

Auch ein Produktionsjubiläum: »500 Handwagen gefertigt«, 1945

Mercedes-Benz 170 V mit Holzgasgenerator, um 1946/47

Typ 170 V beim Verlassen der Endmontage-
halle, 1947

Mercedes-Benz 170 V auf dem Montageband,
um 1948

Mercedes-Benz O 4500 Reiseomnibus, 1948

Juli 1947: Im Werk Sindelfingen wird der Typ 170 V (W 136) jetzt auch als viertürige Limousine gefertigt. Der erste Mercedes-Benz Pkw der Nachkriegsproduktion basiert im Wesentlichen auf dem Vorkriegsmodell.

April 1948: Im Werk Sindelfingen beginnt die Produktion des Omnibus-Typs O 4500. Das Chassis liefert das Werk Gaggenau, das den O 4500 bereits in den Jahren 1943 und 1944 produziert hat.

2. Juli 1948: Der Vorstand der Daimler-Benz AG und die Betriebsräte der Werke Untertürkheim, Mannheim, Gaggenau und Sindelfingen vereinbaren eine »Vorläufige Betriebsordnung der Daimler-Benz AG«, in der unter anderem eine Arbeitszeit von 48 Wochenstunden festgelegt wird.

1950: Der Zweischichtbetrieb wird eingeführt.

Dezember 1950: In den Werken der Daimler-Benz AG ist die erste Phase des Wiederaufbaus abgeschlossen. Im Vergleich zum Stand von 1943 ist das Werk Sindelfingen um 51 Prozent vergrößert worden.

Bis Anfang 1951 werden in Sindelfingen Omnibusse komplettiert.

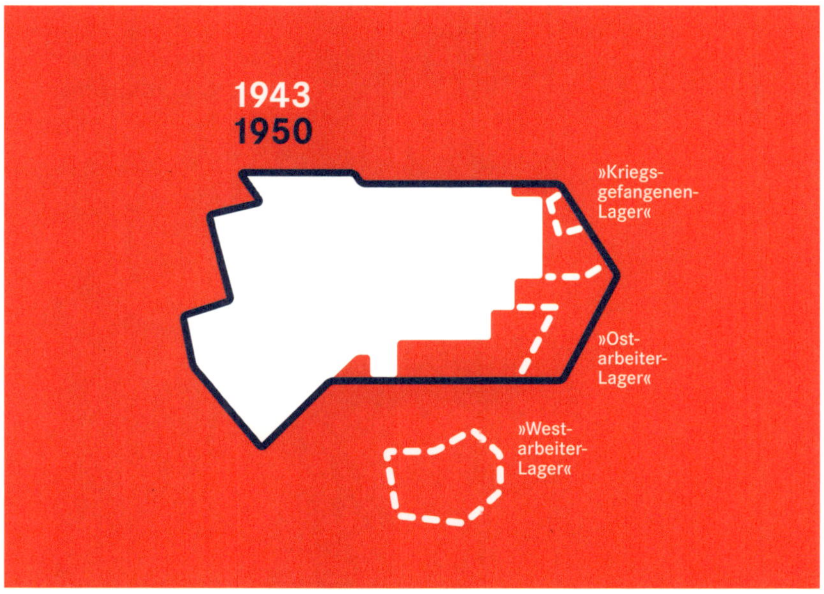

Vergleich der Werksflächen 1943 und 1950

Einführung der 48-Stunden-Woche für die Beschäftigten im Werk Sindelfingen 1948. Im Jahr 1959 Verkürzung auf 44 Stunden Regelarbeitszeit in der Woche. 1964 Die Mitarbeiter leisten 41,25 Arbeitsstunden wöchentlich. 1967 Das Werk Sindelfingen führt die 40-Stunden-Woche ein. 1985 verringert sich die Arbeitszeit auf 38,5 Stunden. Ab 1989 Reduktion der wöchentlichen Arbeitszeit auf 37 Stunden. Einführung der 36-Stunden-Woche im Jahr 1993. 35-Stunden-Woche in den »alten« Bundesländern ab 1995.

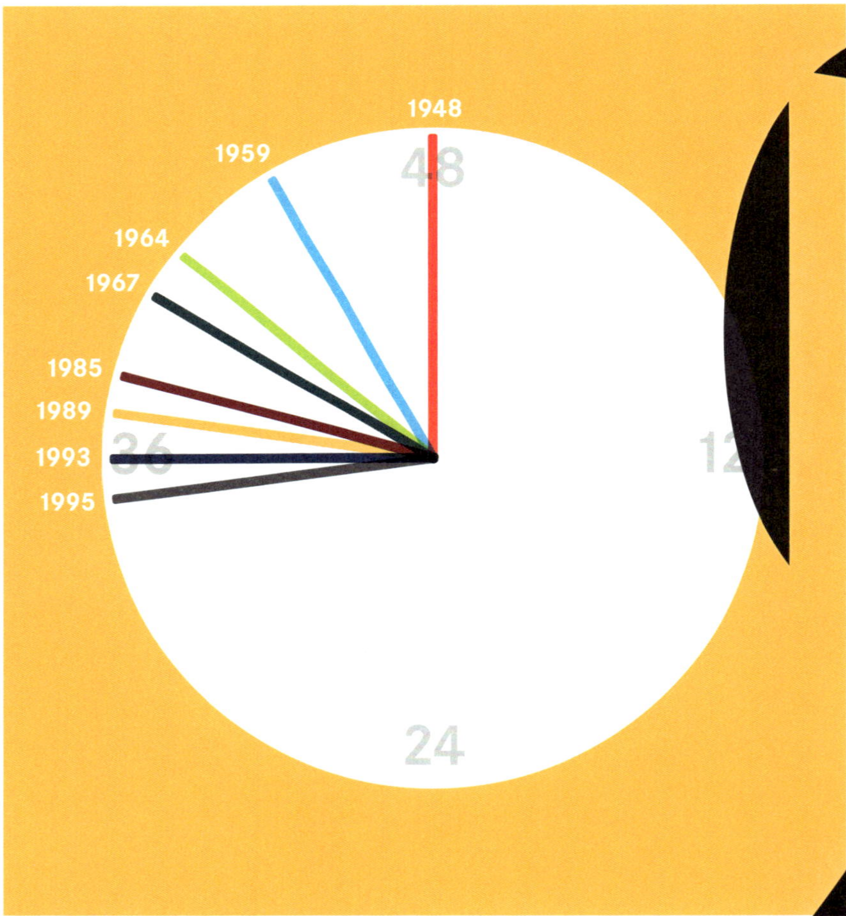

Veränderungen der wöchentlichen Arbeitszeit
im Werk Sindelfingen

Das Verwaltungsgebäude im Aufbau,
Februar 1949

Das Gebäude 2 nach dem Wiederaufbau,
Februar 1949

Mercedes-Benz 300 von 1951 mit der von Konrad Adenauer erfundenen »Vorrichtung zur Verhinderung der Entstehung von Zugluft«

52

Ende einer Ära: Karosserie des letzten gebauten Mercedes-Benz 300 vor der »Hochzeit« mit dem Fahrgestell. Auf der Frontscheibe ein Abschiedsgruß der Sindelfinger Belegschaft.
Das Fahrzeug wird im März 1962 an das Bundeskanzleramt ausgeliefert und ist der letzte Dienstwagen von Konrad Adenauer.

Produktionsjubiläum im Werk Sindelfingen: der 100 000. »170er« der Nachkriegsproduktion, ein Typ 170 S, März 1952

Mercedes-Benz 300 SL Rennsportwagen, 1952

Der Typ 180, hier im Werk Sindelfingen kurz vor der offiziellen Präsentation, 1953

April 1951: Auf der Frankfurter Automobilausstellung wird der neue Mercedes-Benz 300 präsentiert. Er begeistert nicht nur die 570 000 Besucher, sondern wird auch zum offiziellen Dienstwagen von Bundeskanzler Konrad Adenauer.

März 1952: Bereits sieben Jahre nach Kriegsende verlässt der 100 000. Personenwagen der Baureihe W 136, ein Typ 170 S, das Montageband in Sindelfingen. Dies ist dank der enormen Leistungsbereitschaft der Werkmannschaft möglich, die den zügigen Wiederaufbau der Gebäude genauso vorangetrieben hat wie den der Verwaltung und Organisation des Unternehmens.

12. März 1952: Daimler-Benz stellt der Presse den Rennsportwagen 300 SL mit strömungsgünstiger Aluminiumkarosserie und Gitterrohrrahmen vor. Das erste nach dem Krieg neu entwickelte Wettbewerbsfahrzeug von Mercedes-Benz wird in der Saison 1952 sehr erfolgreich im Motorsport eingesetzt.

8. September 1953: In Sindelfingen wird der Typ 180 (W 120) der Presse vorgestellt. Er ist der erste Pkw von Mercedes-Benz mit selbsttragender Karosserie in Pontonform und löst den Typ 170 Sb ab. Am 10. September starten die ersten 297 Fahrzeuge in einer Sternfahrt zu den Niederlassungen und Vertretungen. Zusammen mit dem 180er erscheinen die Typen 170 S-V und 170 S-D als letzte Entwicklungsstufe der Baureihe W 136. Ausgestattet mit der geräumigeren Karosserie des 170 S beziehungsweise 170 DS lösen sie den 170 Vb und 170 Db ab.

1. Oktober 1953: Wilhelm Held übernimmt die technische Werkleitung.

August 1954: Im Werk Sindelfingen läuft die Serienproduktion des im Februar präsentierten Serien-Sportwagens 300 SL (W 198) an. Die charakteristischen Flügeltüren des Hochleistungs-Sportwagens begründen seine populäre Bezeichnung als »Flügeltürer«.
Der Traumsportwagen basiert auf dem erfolgreichen Rennsportwagen der Saison 1952 und verfügt als erster Serien-Pkw über einen Viertaktmotor mit der innovativen Benzin-Direkteinspritzung.

Mitte der 1950er-Jahre: Friedrich Geiger ist der erste Leiter des Designbereichs, als dieser Mitte der 1950er Jahre mit der Bezeichnung »Stilistik« zur eigenständigen Abteilung wird. Er ist nicht nur ein vorzüglicher Handwerker und Techniker, sondern zudem ein begabter Künstler. Ein großer, wenn nicht sein bedeutendster Erfolg ist der Mercedes-Benz 300 SL, der berühmte Flügeltürer. Aber auch die ruhige und klare Linienführung der Oberklasse-Baureihe W 108 (109) verraten seinen prägenden Einfluss.

Endmontage des Seriensportwagens
Mercedes-Benz 300 SL »Gullwing«

1955–1964

1955: Das Presswerk 2 wird gebaut. Das neue Produktionsgebäude 15 ist das bis dahin größte Bauvorhaben im Werk Sindelfingen.

10.–20. März 1955: Auf dem Automobil-Salon in Genf präsentiert Mercedes-Benz die Serienversion des Sportwagens 190 SL, der ab Mai in Sindelfingen produziert wird.

14. Juli 1955: Friedrich Blanz übernimmt die kaufmännische Werkleitung.

4. Mai 1956: Die ersten 563 Fahrzeuge der neuen Pkw-Typen 190 (W 121), 219 (W 105) und 220 S (W 180) starten im Werk Sindelfingen zu einer Sternfahrt in die Niederlassungen und Vertretungen in Deutschland. Bei dieser Gelegenheit sind die neuen Modelle erstmals in der Öffentlichkeit zu sehen.

Juli 1956: Im Werk Sindelfingen beginnt die Serienproduktion des Typs 220 S Cabriolet (W 180). Das Oberklasse-Cabriolet verfügt wie die zugrundeliegende »Ponton-Limousine« über eine selbsttragende Karosserie.

Bau des neuen Presswerks, 1955

»Hochzeit«: Aufsetzen der Karosserie beim Typ 190 SL, 1956

Von Sindelfingen nach Hollywood:
Mercedes-Benz 190 SL in »High Society«
mit Grace Kelly und Frank Sinatra, 1956

563 »Ponton-Modelle« der Typen 190, 219 und
220 S stehen zur Sternfahrt bereit, Mai 1956

56

»Urlaub auf jeder Fahrt«: Werbeanzeige für den Mercedes-Benz 220 S Cabriolet, 1957

»Hochzeit« beim Transporter: Das Fahrgestell eines Mercedes-Benz L 319 erhält seine Pritschenwagen-Karosserie, 1956

Elternnachmittag der Lehrlingsabteilung, hier im Jahr 1974

September 1956: Die Produktion des leichten Transporters Typ L 319 als Kasten- und Pritschenwagen wird im Werk Sindelfingen aufgenommen.

5. Oktober 1956: Das erste Mal findet für die Eltern der im April eingestellten Lehrlinge ein Elternnachmittag statt. Bis heute sind diese Nachmittage ein fester Bestandteil der Ausbildung.

1. Januar 1958: Wilhelm Hörmann übernimmt die kaufmännische Werkleitung.

1./2. September 1958: Daimler-Benz stellt der Presse den neuen Typ 220 SE (W 128) mit Einspritzmotor vor. Die bereits seit Jahren etablierte Einspritztechnologie zur Leistungs- und Effizienzsteigerung wird damit auch für die Großserienfertigung verfügbar. Der Aufpreis gegenüber dem Typ 220 S mit Vergasermotor beträgt 1 900 DM. Gleichzeitig erscheint mit dem Typ 190 D (W 121) ein weiterer Diesel-Pkw. Er ist mit einem 50 PS / 37 kW starken Vierzylindermotor ausgerüstet.

September 1958: Die Sindelfinger stellen knapp fünf Jahre nach dem Serienanlauf des Typs 180 D das 100 000. Fahrzeug dieses Modells fertig.

13. Dezember 1958: In Gebäude 30 wird die neue Lehrwerkstatt offiziell eingeweiht. Im selben Jahr wird außerdem die Übungsfirma »Sindelfinger Karosseriewerk AG« Bestandteil der kaufmännischen Ausbildung. Auch heute gibt es wieder eine Übungsfirma, sie heißt »Azubifirma«.

September 1959: Im Werk Sindelfingen beginnt Daimler-Benz mit systematischen Crashtests, die zunächst unter freiem Himmel stattfinden.

Mercedes-Benz 220 SE mit Einspritzmotor, 1958

Der 100 000. Mercedes-Benz 180 D, 1958

Ein früher Crashtest mit einer »Heckflosse«, 1959

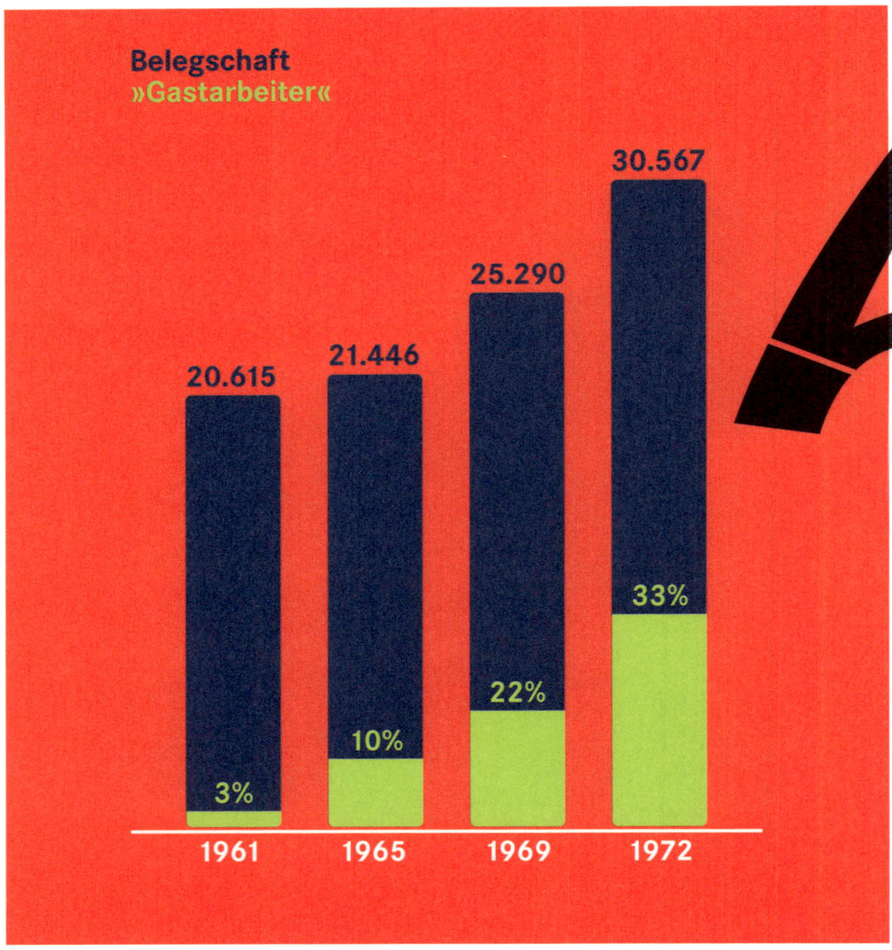

Wachsender Anteil von ausländischen Beschäftigten an der Gesamtbelegschaft, 1961–1972

Frühsommer 1961: Erstmals werden in der Personalstatistik für das Werk Sindelfingen ausländische Arbeitnehmer genannt. In den 1960er Jahren steigt deren Zahl von drei Prozent auf über 22 Prozent. Als sogenannte »Gastarbeiter« kommen zunächst viele Italiener, die in dieser Dekade die größte Gruppe ausländischer Beschäftigter in der Daimler-Benz AG bilden.

1962: Die Wochenarbeitszeit wird von 44 auf 42,5 Wochenstunden verkürzt. Im gleichen Jahr erhöht sich die Pkw-Produktion um 6,5 Prozent, dafür muss auch samstags gearbeitet werden. Gleichzeitig herrscht ein starker Mangel an Arbeitskräften, weshalb der Vorstand beschließt, dass die Anwerbung von ausländischen Arbeitskräften notwendig ist.

September 1962: Der einmillionste Mercedes-Benz Pkw der Nachkriegsproduktion, ein Typ 220 SE (W 111), verlässt das Montageband.

8. Februar 1963: Im Werk Sindelfingen werden der letzte 300 SL (W 198) und der letzte 190 SL (W 121) produziert.

1964: In der Versuchsanlage im Gebäude 30 erhält die europaweit erste Karosserie eine Elektro-Tauchlackierung. Das neue Verfahren sorgt für optimalen Korrosionsschutz.

Der Ausbau des betriebseigenen Heizkraftwerks markiert den Beginn der eigenen unabhängigen Energieerzeugung.

1965—1974

Der letzte 300 SL und der letzte 190 SL verlassen die Produktion, Februar 1963

Das Heizkraftwerk aus der Luft, um 1964

1965: Vor allem italienische »Gastarbeiter« beziehen das Wohnheim »Benzwiese«.

8. April 1965: Der 500 000. Mercedes-Benz Diesel-Pkw der Nachkriegsproduktion, ein Typ 190 D (W 110), verlässt das Montageband in Sindelfingen.

1966: Rund 120 Kinder italienischer »Gastarbeiter« erhalten einen einjährigen Sprachkurs, der an der Goldbergschule stattfindet.

Trotz stagnierender Wirtschaft produziert das Werk Sindelfingen im gleichen Jahr erstmals mehr als 200 000 Pkw.

März 1966: Im Werk Sindelfingen beginnt die Produktion der Oberklasse-Limousine Mercedes-Benz 300 SEL (W 109), die sich durch die serienmäßige Luftfederung und den zehn Zentimeter längeren Radstand vom Typ 300 SE (W 108) unterscheidet.

1967: Die Wochenarbeitszeit wird 1967 um 1,25 Stunden auf 40 Stunden pro Woche herabgesetzt.

9. Mai 1968: Der zweimillionste Mercedes-Benz Pkw seit dem Ende des Zweiten Weltkriegs läuft in Sindelfingen vom Band: ein Typ 220 »Strich-Acht« (W 115). Er wird für die Fernsehlotterie »Ein Platz an der Sonne für jung und alt« gestiftet.

6. August 1969: Es gibt ein neues Produktionsjubiläum zu feiern: den 250 000. Mercedes-Benz Pkw mit Benzineinspritzung. Das Jubiläumsfahrzeug ist ein 280 SE der Baureihe W 108.

Der 500 000. Mercedes-Benz Diesel-Pkw im Blumenschmuck, 1965

Mercedes-Benz 300 SEL am Flughafen Stuttgart

Der zweimillionste Mercedes-Benz Pkw der Nachkriegszeit mit Blumenschmuck, 1968

1970: Rund 60 Mitarbeiterinnen übertragen die auf den Stempelkarten dokumentierten Arbeitszeiten auf maschinenlesbare Lochkarten. Auf dieser Basis erfolgt zu dieser Zeit die Lohn- und Gehaltsabrechnung. Zwar gibt es bereits einzelne Großrechner, aber noch keine Personal Computer (PC).

Im Werk Sindelfingen sind 4 263 Beschäftigte, also rund 20 Prozent aller Werkangehörigen ausländischer Herkunft. Die zahlenmäßig größte Gruppe in der Daimler-Benz AG stammt aus der Türkei, dicht gefolgt von Kolleginnen und Kollegen aus dem damaligen Jugoslawien und aus Italien.

Mercedes-Benz präsentiert die erste Variante des Antiblockiersystems (ABS).

Erneut erreicht das Werk Sindelfingen einen neuen Jahreshöchststand in der Pkw-Fertigung: 280 419 Fahrzeuge.

1. April 1970: Dr. Adolf-Heinz Fritz übernimmt die kaufmännische Werkleitung.

7. September 1971: Im Werk Sindelfingen wird der einmillionste Diesel-Pkw seit Beginn der Nachkriegsproduktion fertiggestellt. Es ist ein Modell der »Strich-Acht«-Baureihe, den die Mitarbeiter mit dieser stolzen Zahl schmücken können. Der Beiname der 1968 eingeführten Mittelklasse-Modelle geht auf den Zusatz »/8« zurück, der in den Typenbezeichnungen auf das Erscheinungsjahr 1968 hinweist. Der »Strich-Acht« wird der Million noch eine weitere eindrucksvolle Bedeutung verleihen. Er wird die erste Mercedes-Benz Baureihe sein, die sich über eine Million Mal verkauft.

Mercedes-Benz 280 SE, 1968–1972

Produktion der Mercedes-Benz Oberklasse-Limousinen der Baureihen W 108 und W 109, 1970

Der Jubilar im Festtagsschmuck, 1971

Experimentier-Sicherheitsfahrzeug ESF 05, 1971

Die Seitenwandfertigung für die S-Klasse Baureihe 116 in der ersten Roboterstraße, 1972

26. Oktober 1971: Die 2. Internationale Experimental Safety Vehicles-Konferenz (ESV) findet in Sindelfingen statt. Daimler-Benz stellt das Experimentier-Sicherheitsfahrzeug ESF 05 vor. Ziel des ESV-Programms ist es, Personenwagen nach den anspruchsvollen US-amerikanischen Sicherheitskriterien zu verbessern.
Bis 1974 entstehen insgesamt 24 Experimentier-Sicherheitsfahrzeuge.

1971–1972: Der Anteil ausländischer Mitarbeiter im Werk Sindelfingen ist stets höher als im Gesamtdurchschnitt der elf Werke der Daimler-Benz AG. Auch die absoluten Zahlen machen deutlich, dass in Sindelfingen die meisten Kolleginnen und Kollegen aus anderen Ländern beschäftigt sind. Jeder dritte Arbeitnehmer im Werk Sindelfingen ist ausländischer Herkunft: 10 134 von 30 567. Für rund 1 500 »Gastarbeiter« wird das neue Wohnheim »Niederer Wasen« gebaut. Im Spätsommer 1971 ziehen die ersten Bewohner ein.

September 1972: Europas erste vollautomatische Robotertransferstraße im Karosserierohbau geht bei Mercedes-Benz in Sindelfingen in Betrieb: Mit zwölf Robotern der Firma Unimate wird die Seitenwandstraße der neuen S-Klasse der Baureihe 116 aufgebaut. Die Roboter werden nach dem Auslauf der Modellreihe im Jahr 1980 demontiert, mit einer neuen Steuerung versehen und dann ab 1982 für die Produktion des Mercedes-Benz 190/190 E (»Baby-Benz«) wiederverwendet. Einer der Roboter steht heute im Auto & Technik-Museum in Sinsheim.

Herbst 1973: Harte Tarifauseinandersetzungen finden statt, der Arbeitskampf dauert zwei Wochen. 57 000 Beschäftigte beteiligen sich an Schwerpunktstreiks bei der Daimler-Benz AG in den Werken Sindelfingen und Untertürkheim sowie bei Bosch in Stuttgart-Feuerbach. Die Ergebnisse: eine dreiminütige »Bedürfniszeit« pro Arbeitsstunde und eine zusätzliche Erholzeitpause von fünf Minuten pro Stunde für Leistungslöhner – die sogenannte »Steinkühler-Pause«. Durch den Streik fällt die Produktion von 10 400 Fahrzeugen aus.

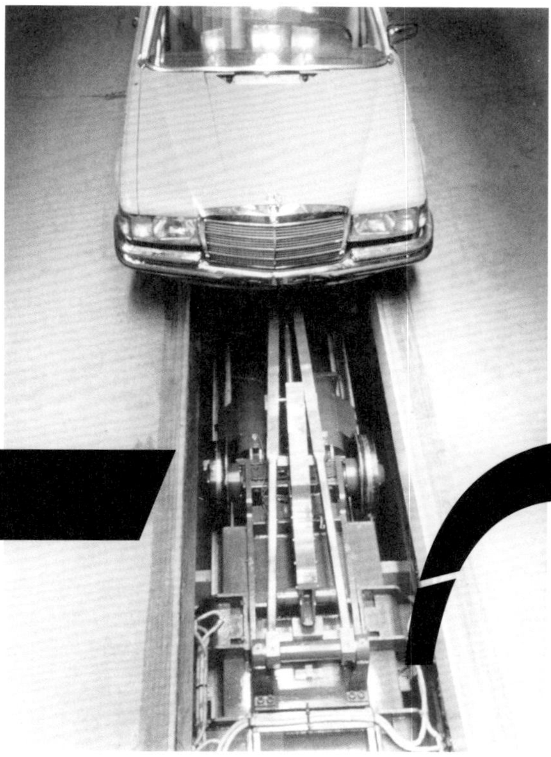

Mercedes-Benz S-Klasse (Baureihe 116) auf der Beschleunigungsstrecke

Expertengruppe in der Crashtesthalle

1973: Einweihung des neuen Crashversuchszentrums in Sindelfingen. Auf der 65 Meter langen Beschleunigungsstrecke zieht ein Linearmotor mit einer Schubkraft von 53 000 Newton die Autos zielgenau gegen eine 1 000 Tonnen schwere Barriere, die auf einer sehr sensiblen Kraftmessplatte ruht. Mit der Einweihung der Crashhalle enden in Sindelfingen die Crashversuche unter freiem Himmel.

1974: Die Ölkrise ist der Auslöser für eine Wirtschafts- und Beschäftigungskrise sowie für Maßnahmen, die den Energieverbrauch reduzieren. Der Stromverbrauch im Werk kann pro Fahrzeug um zehn Prozent gesenkt werden, der Heizölbedarf sinkt um rund 38 Prozent. Erstmals steigt das Produktionsvolumen nicht.

Kurz nach dem Anwerbestopp, den die Bundesregierung 1973 für Bürger von Nicht-EG-Ländern verhängt hat, ist mit 11 065 Beschäftigten der höchste Stand ausländischer Mitarbeiterinnen und Mitarbeiter im Werk Sindelfingen erreicht.

Von den dramatischen Folgen der Ölkrise ist Daimler-Benz allerdings weniger betroffen als andere Hersteller. Hohe Auftragsbestände kommen dem Werk in der Krise zugute.

In der Logistik werden Bewegungen von Material manuell erfasst und auf Magnetbändern dokumentiert. Es gibt mehr Speicherplatz auf immer weniger Raum. Die damals unfassbare Menge von 640 Kilobyte (rund 640 000 Buchstaben) passt auf ein Magnetband. Zum Vergleich: Im Jahr 2014 haben Speichermedien eine Größe von mehr als 4 000 000 000 000 (Billionen) Buchstaben.

Die erste Portalfräsmaschine im Betriebsmittelbau, 1975

1975–1984

15 Jahre nach der ersten Portalfräsmaschine: Das flexible Fertigungssystem mit drei verketteten Portalfräswerken inklusive Mess- und Rüstplatz, 1990

Das festlich geschmückte Jubiläumsfahrzeug im Kreis von Montagemitarbeitern, 1977

1975: Bruno Sacco wird zum Chefdesigner der Marke Mercedes-Benz ernannt. Während seiner Zeit als Leiter des Designbereichs entsteht unter anderem die Baureihe 220. Die athletisch und gleichzeitig elegant wirkende S-Klasse kommt 1998 auf den Markt.

Neuer Rekord: Es werden mehr als 350 000 Pkw produziert.

Die erste Portalfräsmaschine nimmt ihre Arbeit auf. Sie ist die erste computergesteuerte Anlage im Betriebsmittelbau. Die Maschine fräst jedes Werkzeug nach einem Datensatz. Als Datenträger dienen Lochstreifen.

1. April 1976: Prof. h. c. Wolfgang Jacobi übernimmt die technische Werkleitung.

2. November 1976: Vorstand und Aufsichtsrat beschließen, innerhalb der nächsten zehn Jahre die Produktionskapazität für Pkw auf 430 000 Einheiten auszuweiten.

Oktober 1977: Im Werk Sindelfingen läuft als fünfmillionster Pkw seit Wiederaufnahme der Produktion im Jahr 1946 ein roter 350 SLC der Baureihe 107 vom Band.

1962, also 16 Jahre nach Ende des Zweiten Weltkrieges verlässt das einmillionste Fahrzeug das Werk. 1968, weitere sechs Jahre später, ist das zweimillionste Fahrzeug produziert. 1972: Der dreimillionste Personenwagen wird innerhalb von vier Jahren hergestellt. 1975, drei Jahre später, wird das viermillionste Automobil in Sindelfingen abgeholt. 1977, nur zwei Jahre später: Das fünfmillionste in Sindelfingen gefertigte Fahrzeug ist ein 350 SLC. Der zehnmillionste Wagen rollt 1988 vom Band. 2006 nimmt ein Kunde das fünfundzwanzigmillionste Fahrzeug in Empfang.

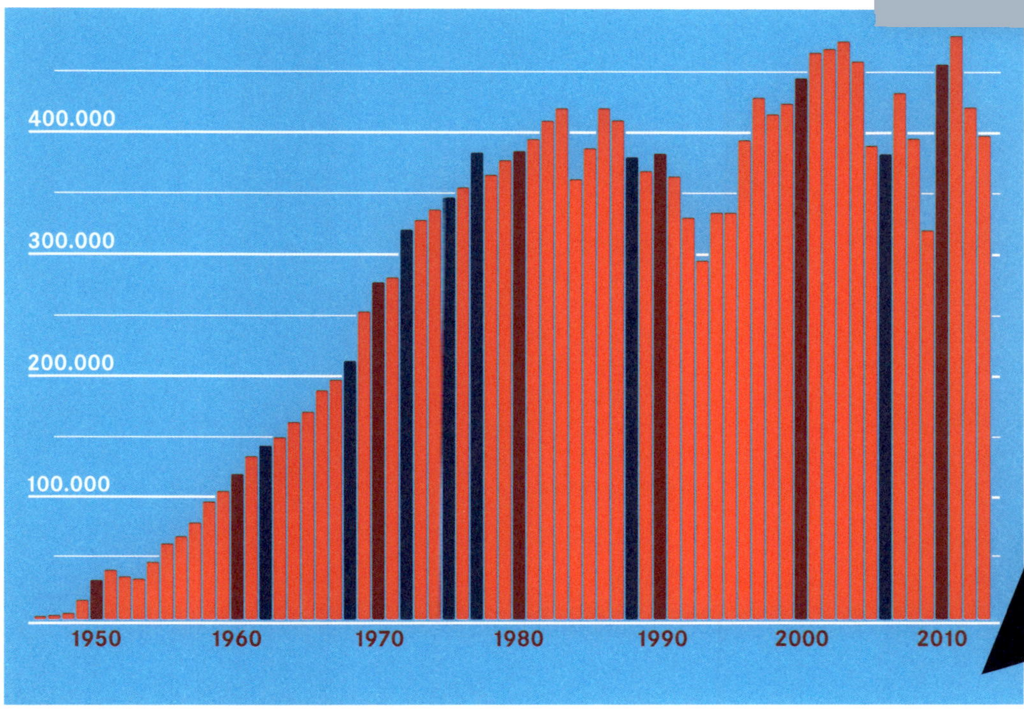

Produktionszahlen aus dem Werk Sindelfingen
für die Jahre 1946 bis 2013

Mercedes-Benz S-Klasse Limousine
der Baureihe 126

Juli 1979: Das nächste Jubiläum: Der einmillionste Pkw der Mittelklasse-Baureihe 123 ist fertiggestellt. Die Limousine und das Coupé laufen in Sindelfingen vom Band. Das erstmals angebotene T-Modell, ein Luxuskombi für »Touristik und Transport«, wird aus Kapazitätsgründen im Werk Bremen gefertigt. Am Ende ihrer Bauzeit im Jahr 1985 hält die Baureihe 123 einen Rekord: Von keiner anderen Modellreihe wurden bis dahin so viele Fahrzeuge produziert. Insgesamt fast 2,7 Millionen Stück, davon 2 375 440 Limousinen – mehr als von jeder anderen Mercedes-Benz Baureihe.

Dezember 1979: Im Werk Sindelfingen beginnt die Serienfertigung der neuen S-Klasse der Baureihe 126, bei der die Teilautomatisierung von Montageabläufen eingeführt wird. Dabei kommen neuartige Hängedrehförderer zum Einsatz, die die Fahrzeuge zur Seite schwenken und dadurch die Arbeit über Kopf weitgehend überflüssig machen. In der S-Klasse wird 1981 der erste Airbag in einem Serienfahrzeug verbaut.

1980: Die neue Prototypengießerei geht in Betrieb. Hier werden Werkzeuge für Entwicklungs- oder Absicherungsfahrzeuge gefertigt. Dafür wird die Feinzinklegierung Zamak verwendet, die bei einer Temperatur von 430 °C vergossen wird. Durch den niedrigen Schmelzpunkt und die günstigere maschinelle Bearbeitung wird der Herstellungsprozess der Prototypwerkzeuge erheblich beschleunigt.

August 1980: Das 473 035. und letzte Exemplar der 1972 eingeführten S-Klasse Baureihe 116 rollt vom Band. Der silberne 300 SD geht direkt an die Sammlung des Daimler-Benz Museums.

82

Gießen eines Zamak-Werkzeugteils im
Gebäude 7, 2010

Verabschiedung der S-Klasse, August 1980. Das Dieselmodell 300 SD wird nur auf dem nordamerikanischen Markt angeboten.

16. März 1981: Das neue Kundencenter öffnet seine Pforten. Die Kunden aus aller Welt können in den neu gestalteten Räumen ihren Mercedes-Benz übernehmen. In Kombination mit besonderen Serviceangeboten setzt Daimler-Benz damit Maßstäbe für die Abholung von Fahrzeugen und macht daraus ein Erlebnis.

1982: Erste Datensichtgeräte zur gemeinsamen Nutzung in den Büros: Von nun an können interne Telefonnummern über das sogenannte »TEL« abgefragt und sogar Nachrichten (Memos) verschickt werden.

7. Dezember 1982: Zur Einführung der neuen Kompaktklasse-Modelle 190/190 E (Baureihe 201) starten 1 200 dieser Fahrzeuge im Werk Sindelfingen zu einer Sternfahrt in die bundesdeutschen Niederlassungen und Vertretungen. Dort stehen die liebevoll »Baby-Benz« genannten Wagen ab dem 8. Dezember zu Besichtigung, Probefahrt und Kauf bereit.

14./15. Mai 1984: In der Nacht vom 14. zum 15. Mai 1984 beginnt der Arbeitskampf um die Einführung der 35-Stunden-Woche in der Metallindustrie Baden-Württembergs. 13 000 Beschäftigte in Nordwürttemberg/Nordbaden streiken. Erst nach sieben Wochen wird ein Verhandlungsergebnis erzielt: Absenkung der Arbeitszeit auf 38,5 Stunden bei vollem Lohnausgleich ab April 1985.

Die neue Kompaktklasse, 1982

STR
Nach

Herausgeber: IG Metall, Bezirksleitung Stuttgart, verantwortlich Ernst Eisen
Druck: Union-Druckerei u. Verlagsanstalt GmbH, Frankfurt, Th.-Heuss-Allee

Heute um 13

Stre

Zehntausende Gewerkschafter werden heute um 13 Uhr in den Streik gegen den Aussperrungsterror der Metall-Kapitalisten treten. In allen größeren Städten finden ab 14 Uhr Kundgebungen statt.

Der Widerstand gegen die Aussperrung wird immer größer. So protestierten am Dienstag Zehntausende ausgesperrte Metaller vor den Werktoren gegen diese Willkürmaßnahme. Rund 1000 SEL-Kollegen marschierten empört durch das Werk in Zuffenhausen. Auch die ausgesperrten AEG-Arbeiter im Anlagenwerk in Ulm demonstrierten gemeinsam mit den nicht ausgesperrten Angestellten durchs Werk. Überall haben die Kollegen in oder vor den Betrieben ihre Arbeitskraft angeboten.

Protest gegen Aussperrung: SEL-Kolle durchs Werk

Alle Räder ste
wenn dein starker

Titelseite der »Streik-Nachrichten« der IG Metall, 23. Mai 1984

EIK-
richten
BW Nr. 47 23. 5. 1984
hr
ik
Verhandlungen:
Donnerstag im TWS-Heim
Gesamtmetall hat nachgegeben: Die Tarifverhandlungen über die Einführung der 35-Stunden-Woche bei vollem Lohnausgleich werden am Donnerstag auf regionaler Ebene in Stuttgart fortgesetzt. Ort: TWS-Heim Stuttgart-Degerloch, Guts-Muths-Weg (Nähe Fernsehturm). Beginn: 16 Uhr. Schon um 14.30 Uhr trifft sich die Verhandlungskommission der IG Metall am gleichen Ort zu einer Vorbesprechung.
marschieren
en still,
Arm es will

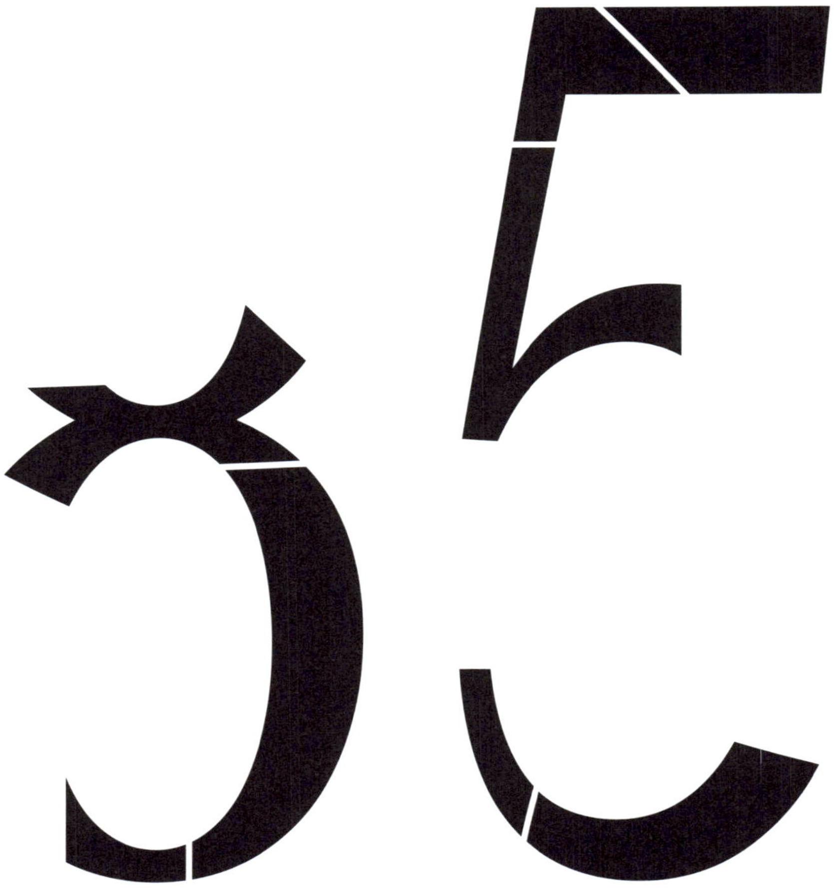

1985–1994

1986: Das Unternehmen hat die historisch-moralische Verantwortung für die Zwangsarbeit in seinen Betrieben während des Nationalsozialismus und die Verstrickung in das Unrechtsregime übernommen. Bereits Anfang der 1980er Jahre gibt die Daimler-Benz AG als eines der ersten Unternehmen unabhängigen Historikerinnen und Historikern den Auftrag zur Erforschung der Zeit des Nationalsozialismus. Dafür öffnet das Unternehmen seine Archive. Zwei Publikationen beschäftigen sich mit dem Thema: »Die Daimler-Benz AG 1933–1945« (1986) und »Zwangsarbeit bei Daimler-Benz« (1994). Neben vielen weiteren Maßnahmen war der Konzern Ende der 1990er Jahre Mitinitiator der Stiftungsinitiative der deutschen Wirtschaft »Erinnerung, Verantwortung und Zukunft«, die gemeinsam mit 6 500 Unternehmen insgesamt 5,1 Milliarden DM für frühere Zwangsarbeiterinnen und Zwangsarbeiter sowie andere NS-Opfer aufbrachte.

Januar 1986: Die ersten Personal Computer (PC) halten Einzug. Die Geräte speichern zunächst nur auf 5,25-Zoll-Disketten. Für die Textverarbeitung sind die neuen Korrekturmöglichkeiten ein großer Fortschritt – Korrekturstifte werden überflüssig! Zwei Jahre später sind rund 300 PCs im Einsatz, die mit dem Betriebssystem MS DOS 1.0 laufen. Ein Bildschirm wiegt 20 Kilogramm. 1989 steht der erste Internetanschluss im Werk. Einige Jahre später wird das erste E-Mail-System eingeführt – die Kommunikation ändert sich grundlegend.

1. Januar 1987: Heiner Tropitzsch übernimmt die kaufmännische Werkleitung.

Ausgebrannte Rohkarosse direkt nach dem Brand in der Nachbehandlungsbox, 1988

Luftbild vom neuen Ausbildungszentrum mit seinen Werkstätten in den drei achteckigen Gebäudeteilen, 1990

1988: Nach einer erfolgreichen Verfahrensentwicklung wird im Gebäude 15 erstmals ein Großversuch aufgebaut, bei dem die Klappen der Karosserie – also Türen, Heckdeckel und Motorhaube – automatisiert montiert werden. Bisher werden sie manuell angebracht. Das Ziel: gleichmäßig umlaufende Spalte, die keine nachträgliche Richtarbeit benötigen. Mit der S-Klasse der Baureihe 140 geht diese Mechanisierungseinrichtung erstmals in Serie.

17. Februar 1988: Der zehnmillionste Mercedes-Benz Pkw der Nachkriegsproduktion läuft im Werk Sindelfingen vom Band.

21. November 1988: Gegen 16 Uhr bricht ein Feuer in zwei Nachbehandlungsboxen in Gebäude 34/2 in der Lackierung aus. Die Sprinkleranlage löst aus, die Werkfeuerwehr löscht den Brand. Anschließend wird rund um die Uhr an der Behebung des Schadens gearbeitet, knapp 100 Mitarbeiter packen mit an. Unter Leitung ihrer Obermeister setzen sie eine der Boxen über Nacht wieder instand, so dass diese schon am nächsten Morgen wieder in Betrieb genommen werden kann.

1. Januar 1989: Hans Theo Schnauffer übernimmt die kaufmännische Werkleitung.

12. Juni 1990: Helmut Petri übernimmt die technische Werkleitung.

6. Juli 1990: Das Werk Sindelfingen feiert sein 75-jähriges Bestehen. Es ist einer der größten Betriebe in der Bundesrepublik Deutschland.

1991: Der Neubau des Ausbildungszentrums, Gebäude 11, ist eröffnet. Auf insgesamt 13 000 Quadratmetern erlernt hier der größte Teil der Auszubildenden einen von über 20 Berufen.

Mitarbeiter an der neuen Mechanisierungslinie, genannt »Mech«, 1993

29. November 1991: Die Mercedes-Benz AG und das Land Baden-Württemberg unterzeichnen einen Vertrag, der den ganzheitlichen Umweltschutz im Werk Sindelfingen zum Ziel hat. Mit Investitionen von 1,5 Milliarden DM will Mercedes-Benz nicht nur reinere Luft, sondern auch saubereres Abwasser und weniger Sonderabfälle erzielen. Vor allem die Lösemittelbelastung soll drastisch reduziert werden. Daraufhin startet das sogenannte Biomonitoring: ein Programm, das den Einsatz von Pflanzen als Indikatoren für Luftverunreinigungen (beispielsweise durch Lösemittel aus der Lackierung) möglich macht.

1992: Der zweimillionste Pkw der Mittleren Baureihe 124, ein silberner Typ 200 E, verlässt das Finishband in Sindelfingen. Das Fahrzeug wird an Marianne von Weizsäcker, die Gattin des Bundespräsidenten, als Spende für das Müttergenesungswerk übergeben, dessen Schirmherrin sie ist.

1992/1993: Über den Jahreswechsel wird im Gebäude 3/10 umgebaut und die erste Mechanisierungslinie für die vollautomatisierte Hochzeit errichtet: Zum ersten Mal werden bei der Mittleren Baureihe 124 Karosserie und Antriebsstrang vollautomatisch verschraubt. Ab Ende März 1993 läuft die C-Klasse durch die Anlage.

Ab 1993: Ab 1993 wird die Produktion der Sitzbezüge schrittweise verlagert, Ende 1995 wird die Näherei im Gebäude 2 geschlossen. Eine kleine Nähwerkstätte bleibt erhalten und fertigt hochwertige Sitzbezüge für Designo- und AMG-Fahrzeuge.

1993/1994: Zu Beginn der 1990er Jahre gerät Mercedes-Benz, wie alle anderen Hersteller der deutschen Automobilindustrie, in eine wirtschaftliche Krise. 1992 und 1993 melden viele deutsche Standorte Kurzarbeit an. Es werden auch Ausscheidensvereinbarungen geschlossen. Allein im Werk Sindelfingen werden 1993/1994 rund 13 000 Arbeitsplätze abgebaut – unter anderem mit einem sogenannten Turbo-Abfindungsprogramm für Beschäftigte.

1994: Die Fertigung von hochwertigen (Edel-) Holzzierteilen und Zierstäben für den Fahrzeuginnenraum und von CKD-Transportkisten erfolgte bislang im sogenannten »Holzbetrieb« des Werks Sindelfingen. Sie geht nun an das Unternehmen Holzindustrie Bruchsal GmbH, damals eine hundertprozentige Tochter der Daimler-Benz AG. Endgültig geschlossen wird der »Holzbetrieb« 1996.

Näherinnen im damaligen Gebäude 2, 1970

Mitarbeiter im Gebäude 12/1, 1994

Der erste Spatenstich für das neue Gebäude 80 des Designbereichs, 1994

Mercedes-Benz Designcenter, Gebäude 80, entworfen von Stararchitekt Renzo Piano

1994: Im Zuge der Inbetriebnahme der Jumbopresse werden in Gebäude 17/2 auch sechs Try-Out-Pressen in Betrieb genommen. Neben den Tuschierarbeiten, also dem Einarbeiten der beiden Formhälften, erfolgt hier die Inbetriebnahme und Funktionskontrolle der Großwerkzeuge bis hin zum Umformen und Schneiden von ersten Pressteilen. Hierfür war bislang noch viel Kapazität von Serienpressen gebunden. Mit den neuen Try-Out-Pressen können Großwerkzeuge nun seriennah erprobt und eingearbeitet werden sowie die Erstbelieferungen der Nullserie mit Pressteilen erfolgen.

22. März 1994: Mercedes-Benz präsentiert in Sindelfingen das Projekt »Lackierung 2000«, mit dem die Pkw-Montagewerke von Mercedes-Benz schrittweise und flächendeckend auf Wasserbasislackierung umgestellt werden. Dies ermöglicht umweltfreundlicheres Lackieren mit deutlich weniger Lösemittel als bisher. Weniger Emissionen, weniger umweltbelastende Reststoffe und Abwasser sind das Ziel.

26. September 1994: Mit dem ersten Spatenstich beginnen die Bauarbeiten für das neue Entwicklungs- und Vorbereitungszentrum (EVZ), in das der Designbereich und die Pkw-Entwicklung einziehen werden. Der Entwurf für den Neubau stammt vom italienischen Star-Architekten Renzo Piano. Noch in der Bauphase wird das EVZ in Mercedes-Benz Technology Center (MTC) umbenannt und 1998 eingeweiht.

1995—2004

Die Try-Out-Presse, 1994

Streikzug in der Sindelfinger Innenstadt, 1994

Proteste gegen die geplante Kürzung von Lohnfortzahlungen, 1996

1. Juli 1995: Dr. Hans-Joachim Schöpf übernimmt die Werkleitung, die jetzt zum ersten Mal die Gesamtverantwortung über kaufmännische und technische Funktionen hat.

Juli 1995: Auf dem Werkgelände wird der Platz knapp. Also fällt die Entscheidung, dass das Gebäude 516 für die Fertigung der Sitzanlagen im Böblinger Stadtteil Hulb gebaut wird. Ende 1996 startet hier die neue Sitzfertigung, die bis dahin in Gebäude 8 im Werk angesiedelt ist. Modernste Produktionsmethoden und logistische Abläufe sorgen dafür, dass die Sitze gegenüber allen Wettbewerbern mit geringeren Kosten gefertigt werden können. Ein weiterer Vorteil ist die hohe Flexibilität durch die direkte, kurze Anbindung an die Endmontage im Werk.

1. Oktober 1995: Ab dem 1. Oktober 1995 wird die 35-Stunden-Woche in der Metall- und Elektroindustrie eingeführt. Ausgehend von der im April 1985 eingeführten Wochenarbeitszeit von 38,5 Stunden ist der Weg dahin von zahlreichen Streiks gekennzeichnet.

10. November 1995: Das weltweit erste designo-Beratungszentrum öffnet seine Pforten. In direkter Nachbarschaft zum Kundencenter steht der lichtdurchflutete Neubau. Hier können anspruchsvolle Individualisten ihr Mercedes-Benz Wunschfahrzeug in exklusiver Lackierung und Ausstattung zusammenstellen lassen.

1. Oktober 1996: Die Motorenendmontage (EMO) in der neu errichteten Halle 515 in Böblingen-Hulb nimmt den Betrieb auf. Die Endmontage der Motoren mit Getriebe, Anlasser und Anschlüssen erfolgt nun logistisch günstiger in direkter Nähe zur Pkw-Fertigung im Werk Sindelfingen. Bis zu diesem Zeitpunkt waren die Motoren in den Motorenwerken komplett montiert und dann zugeliefert worden.

Im Werk Sindelfingen legen 16 000 Beschäftigte die Arbeit nieder. Sie protestieren gegen die Einführung der vom Bundestag verabschiedeten gesetzlichen Kürzung der Lohnfortzahlung im Krankheitsfall auf 80 Prozent. Nach diesen Protesten kommt es zu Verhandlungen zwischen den Tarifpartnern in der Metallindustrie. Schließlich vereinbaren sie die hundertprozentige Lohnfortzahlung im Krankheitsfall.

Das designo-Beratungszentrum in Sindelfingen

1998: Drei Jahre nach der Grundsteinlegung erfolgt die Einweihung des Mercedes-Benz Technology Centers (MTC).

Die Beschleunigungsstrecke in der Crash-Anlage hat nun eine Länge von 95 Metern. Damit sind sämtliche Crashtest-Varianten in der Halle möglich.

12. November 1998: Die Fusion der Daimler-Benz AG mit der US-amerikanischen Chrysler Corporation zur DaimlerChrysler AG ist mit dem Eintrag der Kapitalerhöhung ins Handelsregister vollzogen. Bis die Hauptversammlungsbeschlüsse zur Verschmelzung rechtsgültig sind, bleibt die Daimler-Benz AG aus aktienrechtlichen Gründen zunächst bestehen.

1. Januar 1999: Hans-Heinrich Weingarten übernimmt die Werkleitung.

1. April 1999: Prof. h. c. Peter Pfeiffer wird zum Leiter des Designbereichs ernannt. In seine Ära fällt die S-Klasse der Baureihe 221. Seine Zeit als Designer bei Daimler-Benz prägen zwei Neuerungen: Ton- anstelle von Holzmodellen und später die Einführung des Computer Aided Design (CAD) revolutionieren den Designprozess.

Mitarbeiterinnen und Mitarbeiter beim Start der Motorenendmontage in der neuen Halle 515, 1996

10. März 1999: Erich Klemm, Betriebsratsvorsitzender des Werks Sindelfingen, wird zum Vorsitzenden des Gesamtbetriebsrats gewählt, nachdem Karl Feuerstein aus gesundheitlichen Gründen zurückgetreten ist.

21. März 2000: Die neue Mercedes-Benz C-Klasse der Baureihe W 203 feiert im neu errichteten Event-Center in Sindelfingen ihre Weltpremiere. Den musikalischen Rahmen gestaltet die britische Star-Geigerin Vanessa Mae mit ihrem Song »The Power of C«.

17. April 2000: In der Mercedes-Benz Pkw-Entwicklung in Sindelfingen wird das modernste Virtual Reality Center der Automobilindustrie eröffnet. Der Einsatz von Virtual-Reality-Technologie soll die Entwicklungszeiten verkürzen und zugleich eine Verbesserung der Qualität des gesamten Entwicklungsprozesses ermöglichen.

Premiere der neuen C-Klasse mit Vanessa Mae, 2000

März 2001: Mit dem ersten Spatenstich beginnen die Bauarbeiten für die 15 000 Quadratmeter große Erweiterungshalle 514 der Sitzfertigung in Böblingen-Hulb. Die zahlreichen Individualisierungsmöglichkeiten und technischen Details der Fahrzeugsitze erfordern mehr Produktions- und vor allem Logistikflächen. 2002 wird die Halle mit 230 neuen Arbeitsplätzen in Betrieb genommen.

Im Virtual Reality Center, 2000

Offizieller erster Spatenstich für die Erweiterung
der Sitzfertigung, 2001

Montroche, Fotografie von Dietmar Henneka, 2003, präsentiert in der Ausstellung »Ein Bild von einem Auto« in der Galerie der Stadt Sindelfingen im Juli/August 2011

20. Mai bis 23. Dezember 2001: Mehr als 26 000 Menschen besuchen zwischen Mai und Dezember 2001 die Ausstellung »WerkStadt Sindelfingen« mitten in der Stadt am Marktplatz - eine überwältigende Resonanz! Mit der Ausstellung über das Werk und seine Beschäftigten wird die gleichnamige Kooperation zwischen dem Werk und der Stadt begründet. Seither findet jedes Jahr eine Kunstausstellung in der Galerie der Stadt Sindelfingen statt, die unter anderem Werke aus der Daimler Kunst Sammlung zeigt.

31. Juli 2002: Als architektonisches Meisterwerk wird das Center of Excellence in Sindelfingen eröffnet. Der Neubau auf einer Fläche von 2 200 Quadratmetern wurde für die Luxusmarken Maybach und SLR neu gestaltet. Nationale und internationale Kunden können hier ihre Fahrzeuge konfigurieren lassen. Außerdem dient das Center of Excellence als Veranstaltungsort für exklusive Fahrzeugpräsentationen und Events.

Dezember 2002: Mit sieben eigens entwickelten, geschlossenen Autotransportzügen setzt Mercedes-Benz neue Maßstäbe für den Transport von Neufahrzeugen. Am 13. Dezember fährt der erste dieser Züge am Verladebahnhof im Werk Sindelfingen ab.

19. April 2003: Die gläserne Brücke zwischen den Gebäuden 7/4 und 8 wird fertiggestellt. Die 130 Meter lange Stahlkonstruktion ermöglicht den Transport von Karosserien aus dem Rohbau in Richtung Lackierung auf vier nebeneinanderliegenden Förderbändern - 26 Meter über dem Werk.

In großzügig-eleganter Formensprache heißt das Center of Excellence die Kundinnen und Kunden willkommen, 2013

Die gläserne Brücke im Bau, 2003

4. Mai 2003: Ab 2003 findet in Sindelfingen im Rahmen des »Schönbuch-Cups« der jährliche »WerkStadt-Lauf« statt. Die Strecke führt nach dem Start im Werk über rund elf Kilometer durch die Stadt und endet schließlich auf dem Marktplatz. Neben den Ausstellungen in der Galerie der Stadt ist die Unterstützung dieser Veranstaltung ein Schwerpunkt des Projekts »WerkStadt«, in das beide Partner ihre speziellen Ressourcen einbringen.

Strecke des ersten WerkStadt-Laufs, Mai 2003

1. Juli 2003: Prof. Dr.-Ing. Eberhard Haller übernimmt die Werkleitung.

2004: DaimlerChrysler verleiht zum ersten Mal den Supplier Award an herausragende Lieferanten. Seitdem wird der Award jährlich verliehen und zeichnet die Zulieferer für ihre Innovationskraft und Liefertreue aus.

8. Juli 2004: Ausgehend von Standort- und Investitionsentscheidungen für das gesamte Unternehmen sowie Maßnahmen zur Kostensenkung in einer Größenordnung von 500 Millionen Euro treten allein in Sindelfingen rund 20 000 Beschäftigte zunächst für zwei Stunden in Streik. Weitere massive Proteste gegen die Pläne des DaimlerChrysler Vorstandes folgen an allen Standorten.
Nach intensiven Verhandlungen kann ein Maßnahmenpaket für das gesamte Unternehmen als »Zukunftssicherung 2012« vereinbart werden. Neben Regelungen für mehr Flexibilität und Wettbewerbsfähigkeit werden auch betriebsbedingte Kündigungen bis Ende 2011 ausgeschlossen.

Oktober 2004: Der Anlauf der neuen CLS-Klasse der Baureihe 219 bedeutet nicht nur die Einführung einer neuen Modellreihe, sondern zugleich einer neuen Fahrzeugklasse. Das neuartige, viertürige Coupé verbindet die Eleganz und Dynamik eines Coupés mit dem Komfort und der Funktionalität einer Limousine.

3. November 2004: Nach zweijähriger Bauzeit wird die weltweit modernste Transferpresse mit elektronischer Swingarm-Mechanisierung im Presswerk eingeweiht. Mit der neuen Transferpresse können doppelt so viele Karosserieteile wie bisher in Außenhaut-Qualität produziert werden.

Verleihung des Daimler Supplier Awards 2013
in der Mercedes-Benz Niederlassung Stuttgart,
Februar 2014

Proteste der Sindelfinger Belegschaft vor den
Toren des Werks, 2004

Blick in die Transferpresse, 2004

Der letzte CLS der Baureihe 219 läuft im Jahr
2010 im Werk Sindelfingen vom Band.

Das erste Kundenfahrzeug der neuen S-Klasse in der Montage, 2005

Die Montage der S-Klasse Baureihe 222 in der Halle 46 in der Planungsphase auf der Powerwall, hier noch mit einer Darstellung der Baureihe 220, 2012

2005—2014

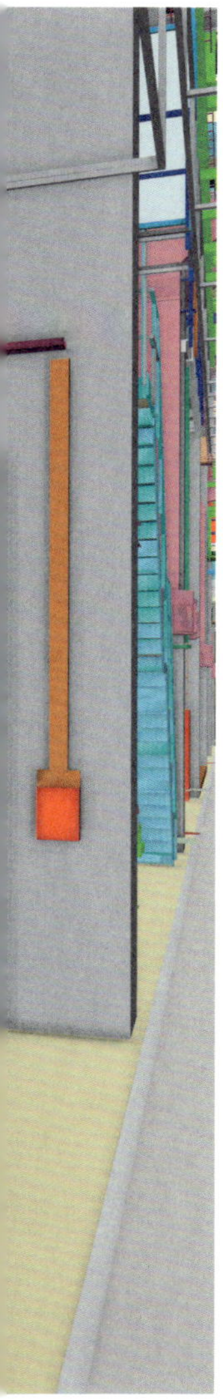

September 2005: Die neue S-Klasse Baureihe 221 wird auf der Internationalen Automobil-Ausstellung in Frankfurt erstmals der Öffentlichkeit vorgestellt. Das Topmodell der neuen Baureihe, der S 65 AMG mit einer Leistung von 450 kW / 612 PS, feiert im Januar 2006 in Detroit Premiere.

1. April 2006: Bisher werden die Prototypen einer neuen Baureihe im Entwicklungsbereich gebaut und die Fahrzeuge der nächsten Entwicklungsstufe in der Produktionshalle. Ab sofort fasst die neu gegründete Anlauffabrik diese beiden Schritte organisatorisch zusammen und bringt die Fahrzeuge dadurch schneller zur Serienreife.

1. September 2006: In der Wasserlacklinie 5 wird ein neues Verfahren in Betrieb genommen: Bisher wurde der Lack im zweiten Prozessschritt mit einer Spritzpistole aufgetragen. Dabei war der Overspray – also der zu viel versprühte Lack – relativ hoch. Nun kommt das »BellBell«-Verfahren zum Einsatz: Es basiert auf der elektrostatischen Aufladung der Lackpartikel in einer Lackierglocke. Das Metall der Karosserie wirkt dann wie ein großer Magnet, der den Lack passgenau anzieht. Dies verringert den Overspray und damit die Emissionen der Anlage deutlich.

14. November 2006: Im Werk Sindelfingen wird als 25-millionster Mercedes-Benz Pkw der Nachkriegsproduktion eine Limousine der E-Klasse, Baureihe 211, an einen Taxiunternehmer aus München übergeben.

2007: In diesem Jahr können die Planerinnen und Planer in Sindelfingen zum ersten Mal eine automatische Schnittstelle nutzen, die die Planungsdaten der Fabrikhalle mit denen für den Produktionsprozess zusammenführt. Bisher wurden diese manuell eingearbeitet. Die Darstellung erfolgt digital auf der sogenannten Powerwall auf einer Fläche von sechs Mal drei Metern. So können bauliche Schwierigkeiten schon in der Planungsphase erkannt und korrigiert werden.

Die weißen Zerstäuber sorgen mit der Lackierglocke für den perfekten Lackauftrag in jeglicher Hinsicht: Qualität, Wirtschaftlichkeit und Umweltschutz.

Die feierliche Übergabe des 25-millionsten Mercedes-Benz Pkw, 2006

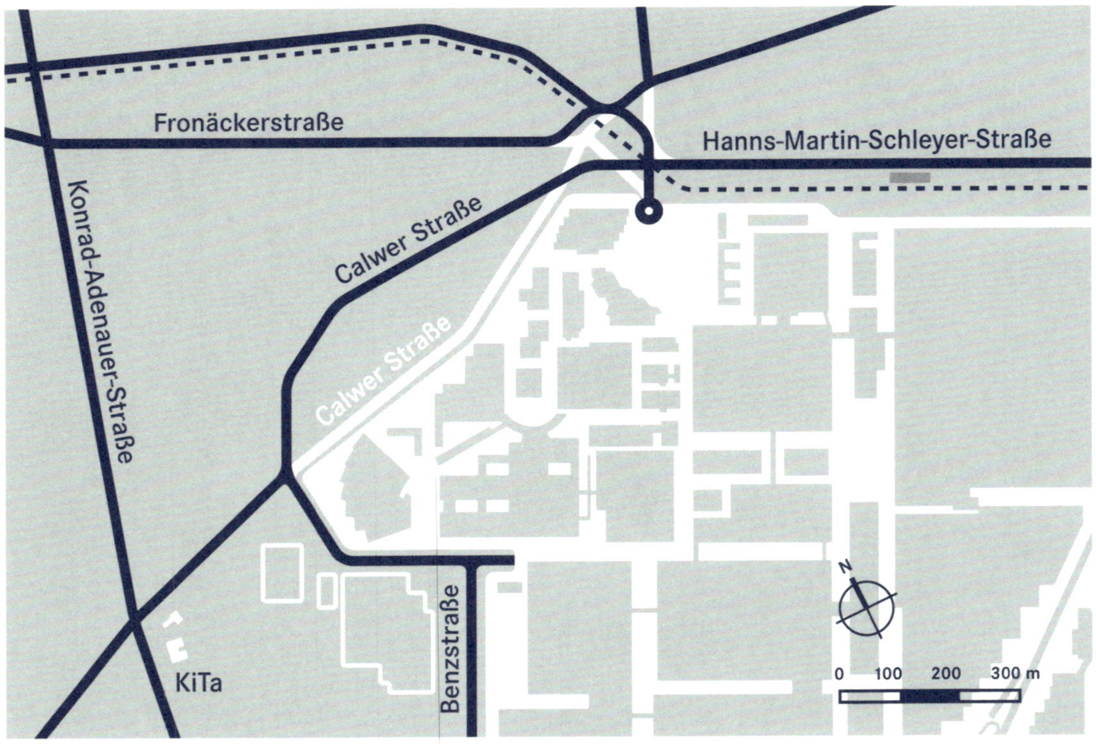

Für das Bauprojekt »Südlicher Mittelpfad« wird ein Teilstück von einem Kilometer Länge der Calwer Straße nach Nordosten verlegt, 2007–2008

20. Juli 2007: Mit dem ersten Spatenstich starten die Bauarbeiten für das Bauprojekt »Südlicher Mittelpfad« zur Erweiterung des Mercedes-Benz Technology Centers (MTC). In den folgenden Jahren entstehen hier unter anderem ein neuer Fahrsimulator und neue Klimakanäle.

4. Oktober 2007: Nach der Veräußerung von 80,1 Prozent der Beteiligung an der Chrysler Holding beschließt eine außerordentliche Hauptversammlung die Umbenennung des Unternehmens in Daimler AG. Daimler ist künftig sowohl die Konzernmarke wie auch das Dach für alle Produktmarken des Unternehmens.

16. November 2007: Die Kindertagesstätte »sternchen« öffnet ihre Tore für die Kinder der Beschäftigten. Mit einem pädagogischen Konzept nach neuesten wissenschaftlichen Erkenntnissen gibt das Sindelfinger »sternchen« Eltern mit Kleinkindern durch ganztägige Betreuung die Möglichkeit, Familie und Beruf zu vereinbaren.

Mitte 2008: Prof. Dr. h. c. Gorden Wagener übernimmt die Leitung »Design« bei der Daimler AG. Unter seiner Leitung wird die Philosophie der Sinnlichen Klarheit entwickelt. Es gilt klare Formen und Flächen zu gestalten, die Hightech inszenieren und gleichzeitig starke Emotionen wecken. Dafür steht auch der W 222, die S-Klasse, die im Jahr 2013 auf den Markt kommt.

Dr. Dieter Zetsche mit dem neuen Konzernnamen, Oktober 2007

Plakat zum J. D. Power Award, 2008

4. Juni 2008: Bei der Initial Quality Study der US-Marktforschungsgesellschaft J. D. Power & Associates erhält Mercedes-Benz drei Auszeichnungen für höchste Qualität: Die E-Klasse und der CLK werden mit dem J. D. Power Award in Gold für höchste Produktqualität im jeweiligen Marktsegment gekürt. Das Werk Sindelfingen erhält den Platinum Award, der die Fertigungsstätte mit der weltweit besten gelieferten Qualität auszeichnet.

8. Dezember 2008: Wieder ist ein neuer Teil der Erweiterung des Mercedes-Benz Technology Centers fertiggestellt: In sieben Monaten wurden rund 47 000 Kubikmeter Erde bewegt, um ein 1 000 Meter langes Stück der Calwer Straße nach Nordwesten zu verlegen. Mit der Einweihung wird die neue Calwer Straße in Sindelfingen für den Verkehr freigegeben.

Dezember 2008: Die Finanzkrise weitet sich zu einer allgemeinen wirtschaftlichen Krise aus und trifft die Automobilindustrie in besonderem Maße. Der Absatz bricht ein und die Produktion muss zunächst durch Kurzarbeit an die schwierige Marktsituation angepasst werden. In der Folge vereinbaren Unternehmensleitung und Gesamtbetriebsrat vom 1. Mai 2009 bis 30. Juni 2010 ein Maßnahmenpaket, das alle Belegschaftsgruppen umfasst. Dazu gehören Arbeitszeit- und Entgeltkürzungen sowie die Reduzierung von Leistungen an die Beschäftigten.

Das erste Kundenfahrzeug der neuen E-Klasse, hier bei der Übergabe aus der Lackierung an die Montage, 2009

März 2009: Die neue E-Klasse, Baureihe 212, läuft in Sindelfingen an und hat auf dem Automobil-Salon in Genf ihre Publikums-Premiere.

15. Juni 2009: Mercedes-Benz stellt auf der 21. Internationalen Sicherheitskonferenz das ESF 2009 vor. Es ist das erste Experimental-Sicherheitsfahrzeug von Mercedes-Benz seit 1974. Zu den zukunftsweisenden Neuerungen zählen unter anderem aufblasbare Metallstrukturen, die Strukturbauteilen in Bruchteilen von Sekunden mehr Stabilität geben.

Dezember 2009: 2009 geht es um Investitionsentscheidungen und die Frage, ob die C-Klasse künftig weiter in Sindelfingen produziert wird. Tausende von Beschäftigten legen im Dezember spontan ihre Arbeit nieder. Am Ende beschließt der Vorstand die Verlagerung der Baureihe an vier andere Standorte ab 2014. Gleichzeitig wird in der »Zukunftssicherung 2014+« für den Standort Sindelfingen vereinbart, dass bis zum Jahr 2020 keine betriebsbedingten Kündigungen erfolgen und die Beschäftigung durch neue Tätigkeiten und Montageumfänge gesichert wird.

2009/2010: Der Heckdeckel der überarbeiteten und 2010 präsentierten CL-Klasse, Baureihe C 216, ist eine Herausforderung für die Produktion: Er besteht aus einem Glasfaser-Kunststoff-Verbundmaterial (SMC) und bedeutet den Einstieg in die Verarbeitung von Kunststoff im Produktionsprozess. Besondere Herausforderungen sind nach dem Pressen der Teile auch das Zusammenfügen der unterschiedlichen Materialien und die einheitliche Lackierung.

Januar 2010: Gute Nachrichten nach der Krise: Als erstes der deutschen Mercedes-Benz Werke kann Sindelfingen früher als geplant von der Kurzarbeit in der Produktion zur regulären Arbeitszeit zurückkehren. Aufgrund der sich erholenden weltweiten Märkte für Premium-Fahrzeuge wird Ende Mai die betriebliche Arbeitszeitverkürzung um 8,75 Prozent auch für die anderen Beschäftigten vorzeitig beendet.

Experimental-Sicherheitsfahrzeug ESF 2009

Die Belegschaft protestiert gegen die Verlagerung der C-Klasse, 2009

Mercedes-Benz CL-Klasse, CL 500, Modelljahr 2010

Eine halbe Million Fahrzeuge der C-Klasse Baureihe 204 sind produziert, 2010

14. Juni 2010: Mit der Einweihung des ersten Teilstücks der S-Bahnlinie S60 zwischen Böblingen und Sindelfingen-Maichingen verbessert sich die öffentliche Verkehrsanbindung für viele Daimler Mitarbeiterinnen und Mitarbeiter deutlich. Jetzt dauert die Fahrt von Sindelfingen nach Böblingen nur drei Minuten.

15. Oktober 2010: Die C-Klasse der Baureihe 204 feiert ein stolzes Produktionsjubiläum: 500 000 Fahrzeuge des erfolgreichen Mittelklassemodells sind in Sindelfingen hergestellt worden.

1. Januar 2011: Dr. Willi Reiss übernimmt die Werkleitung.

2. März 2011, gegen 4 Uhr: Notruf! Feuer im Parkhaus am Tor 7! Minuten später sind Einsatzkräfte der Werkfeuerwehr und des Werkschutzes vor Ort. Durch den Brand kommt es zu großen Verkehrsbehinderungen, von denen vor allem Beschäftigte auf dem Weg zur Arbeit betroffen sind. Für einige Zeit müssen die Mitarbeiterinnen und Mitarbeiter auf andere Parkplätze rund ums Werk ausweichen. Dafür wird ein Busverkehr eingerichtet.

15. Mai – 30. Dezember 2011: Die Daimler AG feiert im Jahr 2011 mit »125! Jahre Innovation« das Jubiläum des Automobils. Das Mercedes-Benz Werk nimmt dies zum Anlass, den Bürgerinnen und Bürgern der Stadt Sindelfingen Einblicke in den Arbeitsalltag im Werk früher und heute zu geben. Unter dem Titel »Zu Land, zu Wasser und über den Werkszaun? - WerkStadt Dialog« präsentiert sich das Werk mit einer Ausstellung mitten in der Stadt Sindelfingen. Natürlich feiern auch die Mitarbeiterinnen und Mitarbeiter: Das Werk lädt sie im Frühjahr in ein eigens aufgebautes Festzelt ein. Für die Kollegen aus der Forschung und Entwicklung gibt es im Juli Mitarbeiterfeste an den verschiedenen Standorten.

Im Festzelt neben dem Werkgelände feiern die Mitarbeiterinnen und Mitarbeiter mit ihren Familien, 2011

Ausstellung »WerkStadt Dialog« in Sindelfingen, 2011

Interessante Einblicke für die Besucherinnen und Besucher im Bereich Fahrzeugsicherheit: Nachbereitung eines Crashfahrzeugs, 2011

Im Klima-Windkanal, 2011

Die feierliche Übergabe des ersten CLS Shooting Brake an einen langjährigen Kunden, 8. Oktober 2012

Besuchergruppe bei der Werkführung durch die Pkw-Montage

18. Juli 2011: Auf dem Areal des Mercedes-Benz Technology Centers gehen in der zweiten Erweiterungsstufe zwei neue Klima-Windkanäle in Betrieb, in denen umfangreiche Fahrzeugtests auch bei extremen Temperaturen möglich sind.

8. Oktober 2012: Im Werk Sindelfingen läuft der erste CLS Shooting Brake serienmäßig vom Band. Abgeleitet ist sein Name ursprünglich von einer speziellen Form englischer Kutschen, mit denen man auf die Jagd fuhr. In den 1960er und 1970er Jahren waren die in Großbritannien populären Shooting Brakes exklusive zweitürige Sportwagen, die Luxus und Stil eines Coupés mit mehr Gepäckraum und großer Heckklappe verbanden. Die expressive Form des viertürigen Mercedes-Benz Kombi-Coupés zeigt die Verwandtschaft mit der Design-Ikone CLS.

23. Oktober 2012: Das Angebot an Werkführungen wird erweitert – für die interessierte Öffentlichkeit und für Schulklassen. Ab jetzt können auch Schülerinnen und Schüler die Produktion im Werk Sindelfingen live miterleben. Und in Workshops erfahren sie, worauf es dabei ankommt. Lernen mal anders!

20. Juli 2013: Die neue S-Klasse, Baureihe 222, feiert Premiere. Über 30 000 Kundinnen und Kunden haben die Luxuslimousine bereits im Voraus bestellt.

20./21. Juli 2013: Die Stadt Sindelfingen feiert 750-jähriges Jubiläum. Der Standort feiert mit und gewährt zahlreiche Einblicke rund um das Thema automobile Zukunft. Führungen und eine Ausstellung bieten den Besuchern Einblicke in die Produktion und in den Bereich Forschung und Entwicklung.

5. September 2013: Mit dem neuen Aeroakustik-Windkanal sind die Prüfeinrichtungen im Mercedes-Benz Technology Center komplett. Insgesamt wurden in fünf Jahren über 230 Millionen Euro investiert. Die Bauarbeiten für das benachbarte Technologiezentrum für Fahrzeugsicherheit beginnen im Herbst 2013. Die Fertigstellung ist für 2016 geplant.

Oktober 2013: Die neue Gasturbinenanlage des Heizkraftwerks nimmt den Betrieb auf.

Januar 2014: Der Automotive Circle International zeichnet die S-Klasse mit dem EuroCarBody Award aus, der höchsten Auszeichnung im Karosseriebau. Die entscheidenden Kriterien für die Vergabe des Preises sind der Kundennutzen und das Konstruktionskonzept, die Werkstoffe und die Produktionseffizienz.

17. Februar 2014: Einweihung des neu gestalteten, großzügigen Außen- und Eingangsbereichs des Kundencenters. Eine großzügige Piazza empfängt Kundinnen und Kunden aus aller Welt zur individuellen Fahrzeugabholung. Besonders beliebt für Erinnerungsbilder ist der Fotopoint mit dem großen Mercedes-Benz Stern – und im Hintergrund der Wasservorhang, der vom Vordach des Eingangs fällt.

8. April 2014: Weltpremiere im Werk Sindelfingen: Mit dem Anlauf des neuen S-Klasse Coupés kommt das Wärmeunterstützte Umformen (WuU) ins Presswerk. Dieses Umformverfahren wurde in Sindelfingen entwickelt, um Türinnenteile aus Aluminium herzustellen. Dabei wird das bereits vorgeformte Aluminiumteil in der zweiten Pressenstufe durch Induktion lokal auf über 300 °C erwärmt. In den nachfolgenden Pressenstufen kann das Bauteil, dessen Struktur sich durch die Erwärmung wieder entspannt hat, in seine endgültige Form gebracht werden. Durch das Verfahren ist die Herstellung von komplexen Aluminiumteilen möglich.

Start in der Produktion: Der Rohbau übergibt das erste Fahrzeug der Baureihe 222 an die Lackierung, 2013

Eröffnung des neuen Aeroakustik-Windkanals mit Dr. Dieter Zetsche, 5. September 2013

Nach der Preisverleihung des EuroCarBody Awards im Rohbau S-Klasse, 2014

Verabschiedung des letzten Mercedes-Benz SLS AMG, 2014

Eine Gruppe aus dem Karosserie-Rohbau verabschiedet sich von der letzten C-Klasse, 2014

Eine Gruppe aus der Montage verabschiedet sich von der letzten C-Klasse aus Sindelfinger Produktion, 2014

Plakat zum Produktionsstart des neuen S-Klasse Coupés, 2014

Richtfest für die Erweiterung des Bereichs Betriebsmittel, 2014

9. Mai 2014: Die Mitarbeiterinnen und Mitarbeiter verabschieden die letzte im Werk produzierte C-Klasse. Sie wird anschließend für die Sammlung von Mercedes-Benz Classic in Empfang genommen. Aufgrund des Vorstandsbeschlusses von 2009 wird die Baureihe künftig unter anderem in den Werken Bremen und Tuscaloosa (USA) sowie in Südafrika und China gefertigt.

Juni 2014: Der letzte Flügeltürer läuft in Sindelfingen vom Band! Seit 2010 wurden rund 10 000 Fahrzeuge des Mercedes-Benz SLS AMG, Baureihe 197, montiert. Der SLS mit seinen Varianten erfreut sich großer Beliebtheit, sei es als Roadster, Black Series oder Electric Drive. Dieses Fahrzeugmodell ist das erste, das vollständig von AMG in Affalterbach entwickelt wurde. Die Montage des Flügeltürers in Sindelfingen steht dagegen in der Tradition des legendären historischen Flügeltürers, des Mercedes-Benz 300 SL von 1954.

2. Juni 2014: Mit dem Richtfest für ein neues Gebäude des Bereichs Betriebsmittel in der Tübinger Allee feiert das Werk die Erweiterung des Werkzeugbaus. Knapp 100 Millionen Euro werden in diese Erweiterung investiert, um die Werke weltweit mit den entsprechenden Anlagen und Presswerkzeugen zu beliefern. Der Neubau umfasst eine Gesamtfläche von rund 15 000 Quadratmetern.

11. Juni 2014: Die Kleinserienmanufaktur des neuen S-Klasse Coupés geht mit höchsten Qualitätsansprüchen und vielen in Handarbeit gefertigten Teilen im Werk Sindelfingen an den Start.

30. Juli 2014: Werkleiter Dr. Willi Reiss und der Betriebsratsvorsitzende Ergun Lümali informieren die Belegschaft über die Betriebsvereinbarung »Zukunftsbild Sindelfingen 2020+«. Das Unternehmen wird 1,5 Millionen Euro in die Neubauten von Rohbau, Lackierung und einer Montagehalle für die neue Generation der E-Klasse sowie deren Nachfolger investieren. Außerdem wird in der Vereinbarung die Fertigung eines neuen zusätzlichen Fahrzeugs in Sindelfingen festgelegt. So wird der Produktionsstandort zukunftsfähig gemacht und die Arbeitsplätze werden langfristig gesichert.

September 2014: Der Mercedes-AMG GT feiert Weltpremiere. In Sindelfingen startet die Produktion des neuen Sportwagens. Nach dem weltweit erfolgreichen SLS AMG ist der neue Mercedes-AMG GT der zweite, komplett eigenständig von Mercedes-AMG entwickelte Sportwagen, der in Sindelfingen montiert wird.

November 2014: Im Werk Sindelfingen läuft das erste Fahrzeug einer besonders exklusiven langen S-Klasse vom Band. Diese Variante bietet höchsten Komfort, den die Passagiere im Fond auf zwei Liegesitzen genießen können.

Ab 2015 sind verschiedene Werkerweiterungen und Neubauten geplant: Der Rohbau wird erweitert, gleichzeitig wird das Rechenzentrum und ein Teil der heutigen Büroflächen in einen Neubau verlagert. Im Westen des Werks entsteht eine neue große Montagehalle. Ein Neubau für die Lackierung ist ebenfalls in Planung. Als Ersatz für entfallende Parkplatzflächen ist ein neues Parkhaus geplant.

2005—2014

2015

Der Standort Sindelfingen feiert sein 100-jähriges Bestehen – und hat sich seit der Ansiedlung enorm gewandelt: Aus einer Produktionsstätte für Flugzeuge und Flugmotoren mit rund 7 000 Mitarbeiterinnen und Mitarbeitern hat sich ein bedeutender Unternehmensstandort entwickelt, dessen vielfältiges Know-how bei Mercedes-Benz weltweit genutzt wird. Hier finden sich konzentriert die Experten für Forschung und Entwicklung, Design, Einkauf und Qualitätsmanagement genauso wie IT, Planung, Logistik sowie Produktion und ihre Technologien.

Das Werk, Kompetenzzentrum für die Ober- und Luxusklasse-Pkw von Mercedes-Benz, hat gerade erfolgreich den Anlauf des S-Klasse Coupés und der besonders exklusiven langen Variante der S-Klasse absolviert. Dass man gerade hier in Sindelfingen sehr komplexe Anläufe meistert, hat die Mannschaft zuletzt mit der aktuellen S-Klasse bewiesen, weitere Varianten sind geplant. Außerdem steht das Folgemodell der E-Klasse in den Startlöchern. Dabei sind modernste Produktionstechnologien wichtig, die übrigens auch in Sindelfingen entwickelt werden. Schließlich ist Effizienz im weltweiten Wettbewerb ein entscheidender Faktor.

Im internationalen Produktionsnetzwerk stellen die Planerinnen und Planer aus Sindelfingen sicher, dass die Fabriken weltweit richtig auf die unterschiedlichen Modelle von Mercedes-Benz vorbereitet sind. Auch wenn die Märkte in ihren Anforderungen schwanken, muss die Produktion flexibel reagieren können. Genauso wichtig: der Umweltschutz! Das bedeutet beispielsweise, dass CO_2-Ziele für alle Werke gelten. Im Werk in Peking werden Solarzellen zur Stromgewinnung eingesetzt, im ungarischen Kecskemét setzt man auf Erdwärme und auch der neue Standort in Mexiko wird dem hohen Daimler Standard entsprechen.

Die Mitarbeiter aus Forschung und Entwicklung arbeiten an der Realisierung der Vision vom emissionsfreien, unfallfreien und schließlich autonomen Fahren. Dazu entwickeln sie beispielsweise Forschungsfahrzeuge mit zukunftsweisenden Ideen zu alternativen Antrieben und Materialien.

Um die besten Voraussetzungen für diese Arbeit zu schaffen, wird in Sindelfingen investiert: Ein neues Fahrsicherheitszentrum entsteht. Dieses wird zusammen mit dem Klima-Windkanal sowie dem hochmodernen Fahrsimulator optimale Testbedingungen am zentralen Standort der Konzernforschung und -entwicklung bieten. Auch bei modernen Fertigungsmethoden im Werkzeug- und Anlagenbau ist Sindelfingen aktiv: In der Tübinger Allee wird die Erweiterung des Bereichs Betriebsmittel fertiggestellt, wovon künftig die Mercedes-Benz Werke weltweit profitieren werden.
Bis 2020 investiert das Unternehmen 1,5 Milliarden Euro in das Werk Sindelfingen und verbessert so die Wettbewerbsposition deutlich. Mit dem Neubau von Rohbau, Lackierung und einer Montagehalle wird sich das Werk komplett modernisieren. Es entsteht ein Logistikzentrum für die nächste E-Klasse und ein neues Fahrzeug wird hier künftig vom Band rollen.

Rund 37 000 Mitarbeiterinnen und Mitarbeiter in Sindelfingen stehen heute für geballtes automobiles Wissen. Im Zusammenspiel sorgen sie für hochwertige Fahrzeuge, zukunftsorientierte Technologien und begeisterte Kunden weltweit – auch in Zukunft!

Das Werk Sindelfingen aus der Luft, Juli 2014

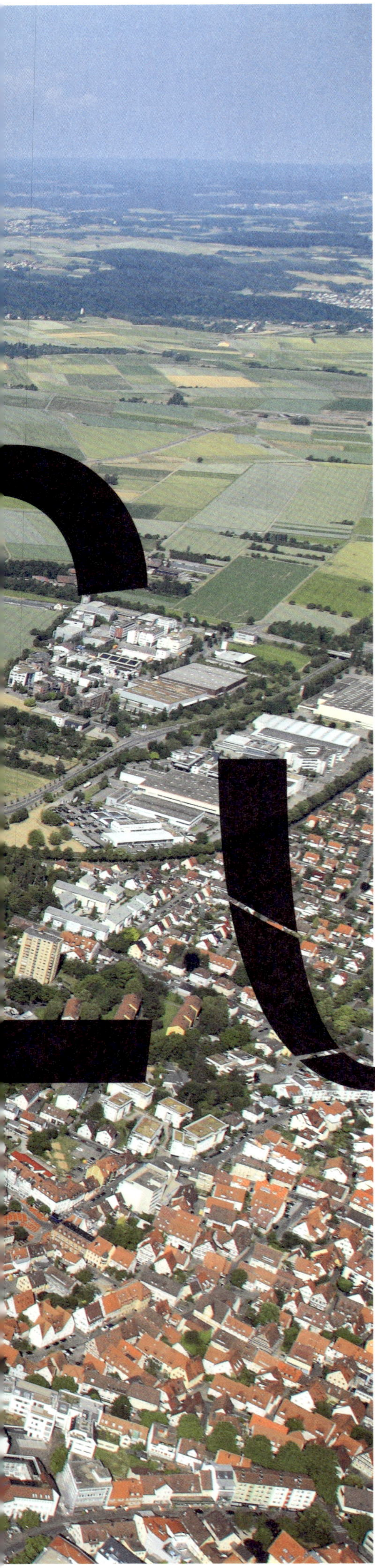

2015

Nachschlagewerk

A–Z

Menschenwerk

Zahlenwerk

Impressum

Erste Auflage 2014

Herausgeber
Daimler AG, Stuttgart
www.daimler.com

Redaktion
Daimler AG, Stuttgart
Mercedes-Benz Werk Sindelfingen

Konzeption und Gestaltung
L2M3 Kommunikationsdesign GmbH, Stuttgart

Erschienen im
Hatje Cantz Verlag
Zeppelinstraße 32
73760 Ostfildern
Tel. +49 711 4405-200
Fax +49 711 4405-220

www.hatjecantz.de
Ein Unternehmen der Ganske Verlagsgruppe

ISBN 978-3-7757-3909-2
Printed in Germany

Bildnachweis
Sämtliche Abbildungen stammen aus den Archiven der Daimler AG,

ausgenommen:

Klaus Mellenthin, Berlin
S. 92, 93/94, 102, 104/105, 112, 114/115, 120, 122/123, 130, 132/133, 138, 140/141, 148, 150/151, 154, 156/157

Werner Eisele Automobilfotografie, Stuttgart
S. 160

Dietmar Henneka, Stuttgart
S. 216

Rudi König
S. 51, Bild rechts

Joachim E. Röttgers, Graffiti Fotografie, Stuttgart
S. 213, Bild Mitte und unten

SG Stern Sindelfingen, Sparte Fotografie
S. 60, Bild rechts
S. 61, Bild oben
S. 162/163

Privat
S. 4, Bild oben
S. 8, Bild links
S. 210

Meisterwerke
aus Sindelfingen

S-Klasse und Vorgängerbaureihen
Limousinen

Mercedes-Benz 220 (W 187)
1951–1954

Mercedes-Benz 300 »Adenauer« (W 186)
1951–1957

Mercedes-Benz 220 / 219 / 220 S / 220 SE »Ponton« (W 180 / W 105 / W 128)
1954–1959

Mercedes-Benz 300 »Adenauer« (W 189)
1957–1962

Mercedes-Benz 220 / 220 S / 220 SE / 300 SE »Heckflosse« (W 111 / W 112)
1959–1965

Mercedes-Benz 600 (W 100)
1963–1981

Mercedes-Benz 600 Pullman (W 100)
1963–1981

Mercedes-Benz Limousinen der Baureihen W 108 / W109
1965–1972

S-Klasse und Vorgängerbaureihen
Coupés und Cabriolets

Mercedes-Benz S-Klasse Limousinen der Baureihe 116
1972–1980

Mercedes-Benz S-Klasse Limousinen der Baureihe 126
1979–1992

Mercedes-Benz S-Klasse Limousinen der Baureihe 140
1991–1998

Mercedes-Benz S-Klasse Limousinen der Baureihe 220
1998–2005

Maybach Limousinen der Baureihe 240
2002–2013

Mercedes-Benz S-Klasse Limousinen der Baureihe 221
2005–2013

Mercedes-Benz S-Klasse Limousinen der Baureihe 222
seit 2013

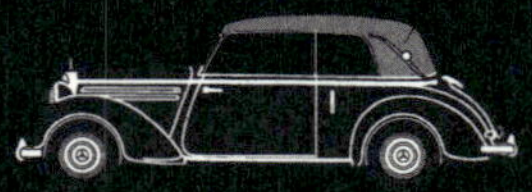

Mercedes-Benz 170 S Cabriolet B (W 136)
1949–1951

Mercedes-Benz 170 S Cabriolet A (W 136)
1949–1951

Mercedes-Benz 220 Cabriolet B (W 187)
1951–1953

Mercedes-Benz 220 Cabriolet A (W 187)
1951–1955

Mercedes-Benz 220 Coupé (W 187)
1953–1955

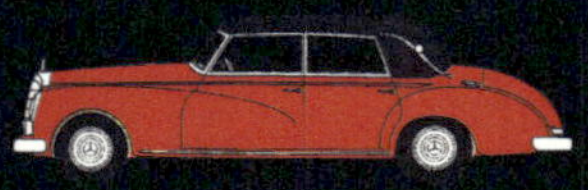

Mercedes-Benz 300 Cabriolet D (W 186)
1951–1956

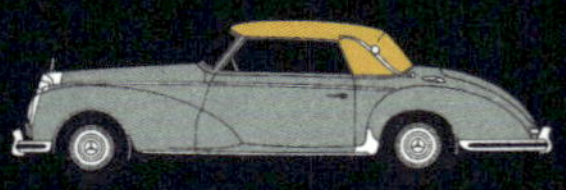

Mercedes-Benz 300 S Cabriolet A (W 188)
1951–1957

Mercedes-Benz 300 S Roadster (W 188)
1952–1958

Mercedes-Benz 300 S Coupé (W 188)
1952–1958

Mercedes-Benz 220 S / 220 SE »Ponton« Cabriolets (W 180 / W 128)
1956–1960

Mercedes-Benz 220 S / 220 SE »Ponton« Coupés (W 180 / W 128)
1956–1960

Mercedes-Benz 300 Cabriolet D (W 189)
1958–1962

Mercedes-Benz Coupés der Baureihen W 111 / W 112
1961–1971

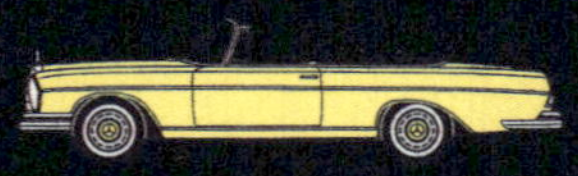

Mercedes-Benz Cabriolets der Baureihen W 111 / W 112
1961–1971

Mercedes-Benz SLC Coupés der Baureihe 107
1971–1981

Mercedes-Benz S-Klasse Coupés der Baureihe 126
1981–1991

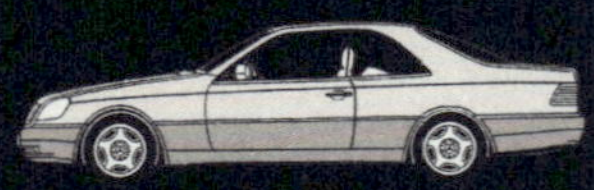

Mercedes-Benz S-Klasse Coupés / CL Coupés der Baureihe 140
1992–1998

Mercedes-Benz CL Coupés der Baureihe 215
1999–2006

Mercedes-Benz CL Coupés der Baureihe 216
2006–2014

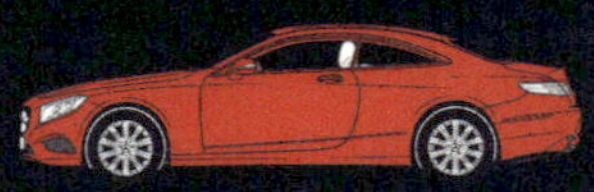

Mercedes-Benz S-Klasse Coupés der Baureihe 217
seit 2014

E-Klasse und Vorgängerbaureihen
Limousinen und T-Modelle

Mercedes-Benz 170 V Krankenwagen (W 136)
1946–1948

Mercedes-Benz 170 V Pritschenwagen (W 136)
1946–1948

Mercedes-Benz 170 V / 170 D (W 136)
1947–1953

Mercedes-Benz 170 S / 170 DS / 170 S-V / 170 S-D (W 136 / W 191)
1949–1955

Mercedes-Benz 180 / 180 D / 190 / 190 D »Ponton« (W 120 / W 121)
1953–1962

Mercedes-Benz 190 / 190 D / 200 / 230 / 200 D »Heckflosse« (W 110)
1961–1968

Mercedes-Benz »Strich-Acht«-Limousinen der Baureihen W 114 / W 115
1968–1976

Mercedes-Benz Limousinen der Baureihe 123
1976–1985

Mercedes-Benz Limousinen der Baureihe 124
1984–1995

Mercedes-Benz E-Klasse Limousinen der Baureihe 210
1995–2002

Mercedes-Benz E-Klasse T-Modelle der Baureihe 210
1996–2002

Mercedes-Benz E-Klasse Limousinen der Baureihe 211
2002–2009

Mercedes-Benz E-Klasse T-Modelle der Baureihe 211
2003–2009

Mercedes-Benz E-Klasse Limousinen der Baureihe 212
seit 2009

Mercedes-Benz E-Klasse T-Modelle der Baureihe 212
seit 2009

E-Klasse und Vorgängerbaureihen
Coupés und Cabriolets

Mercedes-Benz »Strich-Acht«-Coupés
der Baureihe W 114
1968–1976

Mercedes-Benz Coupés
der Baureihe 123
1977–1985

Mercedes-Benz Coupés
der Baureihe 124
1987–1996

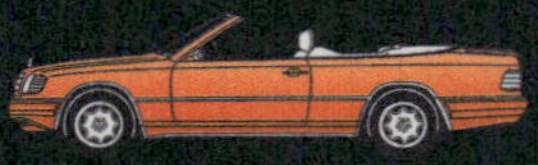

Mercedes-Benz Cabriolets
der Baureihe 124
1992–1997

CLS-Klasse

Mercedes-Benz CLS Coupés
der Baureihe 219
2004–2010

Mercedes-Benz CLS Coupés
der Baureihe 218
seit 2010

Mercedes-Benz CLS Shooting Brakes
der Baureihe 218
seit 2012

C-Klasse und Vorgängerbaureihen